Schnell

Verfahrenstechnik
der Grundwasserhaltung

Leitfaden der Bauwirtschaft und des Baubetriebs

Herausgegeben von
Prof. Dipl.-Ing. K. Simons
Technische Universität Braunschweig

Das Bauen hat in den letzten Jahren eine stürmische Entwicklung genommen. Neue Bauverfahren und Bauweisen wurden entwickelt. Gleichzeitig aber stiegen auch die Kosten des Bauens, teils stärker als die anderer Produktionszweige. Es ist daher eine unverzichtbare Forderung, die mit der Bauwirtschaft und dem Baubetrieb zusammenhängenden Fragen stärker in den Vordergrund zu stellen. Der „Leitfaden für Bauwirtschaft und Baubetrieb" will das in Forschung und Lehre breit angelegte Feld, das von der Verfahrenstechnik über die Kalkulation bis zum Vertragswesen reicht, in zusammenhängenden, einheitlich konzipierten Darstellungen erschließen. Die Reihe will alle am Bau Beteiligten – vom Bauleiter, Bauingenieur bis hin zu Studenten des Bauingenieurwesens – ansprechen. Auch der konstruierende Ingenieur, der schon im Entwurf das anzuwendende Bauverfahren und damit die Kosten der Herstellung bestimmt, sollte sich dieser Buchreihe methodisch bedienen.

Verfahrenstechnik der Grundwasserhaltung

Von Prof. Dr.-Ing. Wolfgang Schnell

Professor für Grundbau und Bodenmechanik
an der Fachhochschule Hildesheim/Holzminden

Mit 48 Bildern und 30 Tafeln

Springer Fachmedien Wiesbaden GmbH 1991

ISBN 978-3-519-05023-0   ISBN 978-3-663-14683-4 (eBook)
DOI 10.1007/978-3-663-14683-4

CIP-Titelaufnahme der Deutschen Bibliothek

Schnell, Wolfgang:
Verfahrenstechnik der Grundwasserhaltung / von Wolfgang
Schnell. – Stuttgart : Teubner, 1991
  (Leitfaden der Bauwirtschaft und des Baubetriebs)

© Springer Fachmedien Wiesbaden 1991
Ursprünglich erschienen bei B. G. Teubner Stuttgart 1991

Umschlaggestaltung: Peter Pfitz, Stuttgart

Vorwort

Viele Gebäude werden unterhalb des Grundwasserspiegels gegründet, so daß während ihrer Herstellung Maßnahmen zur Wasserhaltung ergriffen werden müssen. Die Verhinderung oder Verminderung des Wasserandrangs in Baugruben und weitreichende Grundwasserabsenkungen gehören deswegen zu den traditionellen Aufgaben des Bauingenieurs. Die Verfahren zur Wasserhaltung werden wegen der in den letzten Jahren gestiegenen Anforderungen an den Umweltschutz und der Verknappung sauberen Grundwassers zunehmend auch unter ökologischen Gesichtspunkten ausgewählt. So soll durch Wasserhaltungen das Grundwasser nicht verunreinigt, der Wasserhaushalt wenig gestört und der Grundwasserstrom möglichst wenig beeinflußt werden.

Im vorliegenden Buch sind die Eigenschaften der heute üblichen Verfahren zur Wasserhaltung beschrieben. Um Vergleiche zwischen den einzelnen Verfahren zu erleichtern, werden sie einheitlich nach der Gliederung

- Technische Grundlagen
- Erforderliche Stoffe und Materialien
- Geräte und Verfahren
- Leistung und Kosten
- Sicherheitstechnik

dargestellt.

Auf die neben der Wasserhaltung erforderlichen Sicherungsmaßnahmen für Baugruben wird hier nicht eingegangen. Dazu ist in dieser Reihe der Band "Verfahrenstechnik zur Sicherung von Baugruben" erschienen.

Der vorliegende Band geht auf eine Anregung des Herausgebers dieser Reihe, Herr Prof. Dipl.-Ing. K. Simons, zurück, bei dem ich mich für die Unterstützung bei der Realisierung herzlich bedanken möchte.

Weiterhin bedanken möchte ich mich bei Herrn Dr.-Ing. H. Hirschberger für die kritische Durchsicht des Manuskriptes und viele wertvolle fachliche Anregungen und Hinweise, bei Frau Sieglinde Schöttke für die Schreibarbeiten sowie bei Frau cand.-ing. M. Clusmann und Herrn cand.-arch. H. Eschebach für das Anfertigen der Bilder und Tafeln.

Dem Verlag B. G. Teubner danke ich für die vorzügliche Zusammenarbeit bei der Herstellung des Buches.

Holzminden, im November 1990   Wolfgang Schnell

Inhalt

1 Grundlagen der Planung und Herstellung von Wasserhaltungen

1.1 Allgemeines

Wasser beeinflußt in seinen vielfältigen Formen z.B. als Grundwasser, Schichtenwasser und Oberflächenwasser die Gründungsarbeiten. Wo die Gründungssohle eines Bauwerks unterhalb des Grundwasserspiegels liegt oder wo durch besondere hydrologische Verhältnisse Entwässerungsmaßnahmen ergriffen werden müssen, um Sohlaufbrüche zu vermeiden, wird eine Wasserhaltung erforderlich.

Wasserhaltungen sind meist zeitlich begrenzte Baumaßnahmen, die dem Ableiten oder Fernhalten des Wassers vom eigentlichen Arbeitsort dienen.

Einfache Geräte zur Wasserhaltung wie Schaufelräder, Becherwerke, Archimedische Schnecken und hölzerne Kolbenpumpen sind seit Jahrhunderten bekannt.

In den letzten Jahrzehnten hat die Bedeutung von Wasserhaltungsmaßnahmen aus mehreren Gründen stark zugenommen:

- So ist bei knapper werdendem Baugrund im Städtebau und insbesondere im Verkehrstunnelbau die Lage des Grundwasserspiegels kein Kriterium mehr für die Wahl der Gründungstiefe.

- Aus wasserrechtlichen Gründen oder wegen der Setzungsgefahr für benachbarte Bebauung ist häufig im innerstädtischen Bereich eine Grundwasserentnahme untersagt, so daß neuartige Verfahren zum Fernhalten des Wassers von der Baugrube entwickelt und angewendet werden müssen.

- Durch das gestiegene Umweltbewußtsein und die Notwendigkeit, mit Grundwasser sparsam umzugehen und seine Qualität nicht zu beeinträchtigen, mußten grundwasserschonende Bauweisen entwikkelt werden.

- Häufig besteht (u.a. wegen der stark gestiegenen Einleitungskosten) keine Möglichkeit, das geförderte Wasser wirtschaftlich abzuleiten, so daß konventionelle Absenkverfahren ausscheiden.

Je nach den Wasser- und Bodenverhältnissen und je nach Bauaufgabe kommen im wesentlichen folgende Arten der Wasserhaltung in Frage:

- Verhinderung des Zulaufs
- Offene Wasserhaltung
- Grundwasserabsenkung (Schwerkraft- oder Vakuumentwässerung)
- Grundwasserentspannung

Bei allen Absenkverfahren bilden sich um die Brunnen Absenktrichter aus, deren Größe vorwiegend durch die Tiefe der Absenkung und die Durchlässigkeit des Baugrundes beeinflußt wird.

1.2 Erkundung der Boden- und Wasserverhältnisse

Bereits bei der Planung einer Wasserhaltungsmaßnahme müssen neben der Größe der Baugrube und der Gründungstiefe die Boden - und Wasserverhältnisse ausreichend bekannt sein.

Die Bodenverhältnisse sollten durch Bohrungen, aus denen Proben entnommen werden, ermittelt werden. Die Bohrungen zeigen den Verlauf der anstehenden Schichten, von den entnommenen Bodenproben sollten die Kornverteilungskurven nach DIN 18123 ermittelt werden, die einen Überblick über die Gleichmäßigkeit des Schichtenaufbaus und einen groben Anhalt für die Durchlässigkeit k der anstehenden Böden geben.

Der Untersuchungsaufwand muß umso größer sein, je inhomogener der Baugrund ist. Besondere Aufmerksamkeit muß bindigen Schichten gewidmet werden, die als Sperrschichten wirken oder verschiedene Grundwasserstockwerke trennen können.

Die Aufschlußbohrungen müssen bis mindestens 5 m unter die zukünftigen Brunnensohlen abgeteuft werden [31].

Der Bereich des Bodens, der um die Baugrube herum aufgeschlossen werden muß, hängt von der Durchlässigkeit k des Bodens und der Absenktiefe s ab.

Die Reichweite R der Absenkung (und damit der Radius des Absenktrichters) läßt sich nach der Formel von Sichardt berechnen zu

$$R = 3000 \times s \times \sqrt{k} \qquad\qquad (1.1)$$

mit   R = Reichweite [m]
       s = Absenktiefe [m]
       k = Durchlässigkeit des Bodens [m/s]

Tafel 1.1   Reichweite für verschiedene Bodenarten und Absenktiefen

Bodenart	Durchlässgkeit k [m/s] (Mittelwert)	Absenktiefe s [m]	Reichweite R [m]
Grobsand	5×10^{-4}	3 5 10	200 335 670
Mittelsand	10^{-4}	3 5 10	90 150 300
Feinsand	5×10^{-5}	3 5 10	65 105 210
Sand, schluffig	10^{-6}	3 5 10	10 15 30

Nach [31] sollte näherungsweise ein Bereich um die Baugrube herum untersucht werden, der etwa dem 20 - fachen der Absenktiefe entspricht.

Die Wasserverhältnisse müssen durch Pegelbeobachtungen und Fließgeschwindigkeitsmessungen ermittelt werden. Da Grundwasserstände, -fließrichtungen und -fließgeschwindigkeiten jahreszeitlichen Schwankungen unterworfen sind, bzw. von den Wasserständen benachbarter Flüsse abhängen, empfiehlt sich eine möglichst frühzeitige Beobachtung. Dazu können beispielsweise die Baugrunderkundungsbohrungen genutzt werden, die sich als Pegel ausbauen lassen. Diese Pegel können später auch zur Kontrolle der Wirksamkeit der Absenkanlage genutzt werden.

Da Grundwasser häufig aggressiv ist, müssen Wasseranalysen durchgeführt werden, um die Gefahr von Korrosions- und Verockerungserscheinungen für die Brunnen und Rohrleitungen beurteilen zu können.

Die Dimensionierung der Brunnen (Festlegen der Anzahl, Lage und Tiefe, Wahl des Brunnendurchmessers) wird entscheidend von der Durchlässigkeit k des Bodens beeinflußt. Da ein an Bodenproben im Labor nach DIN 18130 bestimmter k - Wert i.a. nicht repräsentativ für den gesamten, meist inhomogen aufgebauten Baugrund sein kann, empfiehlt es sich, den k - Wert durch eine Probeabsenkung zu ermitteln.

Hierbei werden die einem Brunnen entnommene Wassermenge q und die Pegelstände im sich einstellenden Absenktrichter gemessen. Der k - Wert berechnet sich aus zwei gemessenen Pegelständen y_i und den Entfernungen x_i zum Brunnen (Bild 1.1) zu:

$$k = \frac{q}{\pi} \times \frac{\ln x_2 - \ln x_1}{y_2^2 - y_1^2} \quad [m/s] \qquad (1.2)$$

mit   k = Durchlässigkeit des Bodens [m/s]

        q = geförderte Wassermenge im Brunnen [m^3/s]

  x_2, x_1 = Entfernung der Pegel vom Brunnen [m]

  y_2, y_1 = Höhe des Wasserspiegels im Beobachtungspegel [m]

Weitere Hinweise zur Durchführung von Probeabsenkungen sind z.B. [15] zu entnehmen.

1.3 Untersuchung benachbarter baulicher Anlagen

Durch die Grundwasserabsenkung ändern sich die Spannungsverhältnisse im Boden, da der Auftrieb wegfällt und somit die wirksamen Spannungen im Korngerüst ansteigen. Diese zusätzlichen Spannungen bewirken eine Zusammendrückung des Bodens, so daß an eventuell vorhandener Nachbarbebauung Setzungsschäden auftreten können. Da die Absenkkurve des Grundwassers je nach Durchlässigkeit des Bodens stark gekrümmt sein kann, sind größere Setzungsunterschiede möglich.

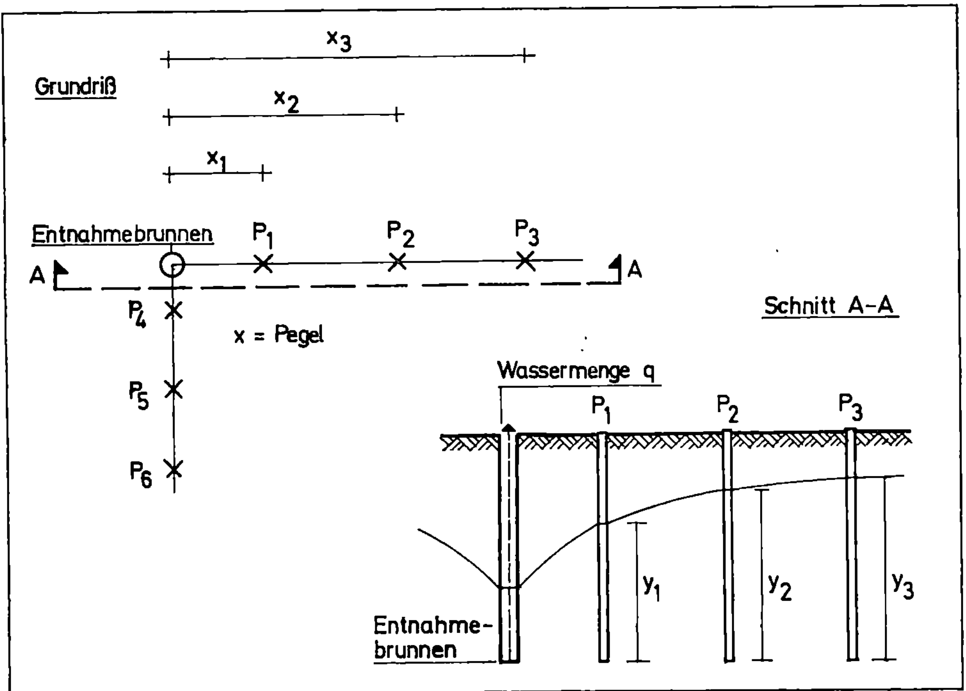

Bild 1.1   Anordnung von Pegeln für eine Probeabsenkung

Daher ist es empfehlenswert, vor Beginn der Wasserhaltungsmaßnahme die Gründungsart und -tiefe der Nachbarbebauung feststellen zu lassen und in einem Beweissicherungsverfahren den Zustand der Bebauung zu dokumentieren.

Während des Betriebs sind die Setzungen der Gebäude durch z.B. Nivellements zu überwachen.

Ein besonderes Problem ergibt sich, wenn durch die Grundwasserabsenkung benachbarte Versorgungsbrunnen z.B. von Industriebetrieben beeinflußt werden.

In diesen Fällen muß geprüft werden, ob die Wasserförderung dieser Versorgungsbrunnen beeinträchtigt wird und somit Zusatzmaßnahmen erforderlich werden.

1.4   Grundlagen der Wasserhaltung

1.4.1   Allgemeines

Steht oberhalb einer geplanten Baugrubensohle Grundwasser an, so muß dieses Wasser von der Baugrube ferngehalten werden, wenn der Aushub im Trockenen durchgeführt werden soll. Hierzu gibt es prinzipiell 3 Möglichkeiten (Bild 1.2):

- Grundwasserabsenkung
- Grundwasserabsperrung
- Grundwasserverdrängung

Bei der **Grundwasserabsenkung** wird der Grundwasserspiegel durch offene Wasserhaltung oder durch senkrechte bzw. waagerechte Brunnen mit Schwerkraft- oder Vakuumentwässerung bis unter die Baugrubensohle abgesenkt. Bei der **Grundwasserabsperrung** durch Schlitz-, Bohrpfahl- oder Spundwände wird der seitliche Zustrom zur Baugrube unterbunden. Damit kein Wasser von unten zuströmen kann, müssen die wasserdichten Verbauwände in eine undurchlässige Schicht einbinden. Ist keine natürlich undurchlässige Schicht in technisch und wirtschaftlich erreichbarer Tiefe vorhanden, muß der Boden künstlich (z.B. durch eine Injektionssohle) abgedichtet werden.

Beim Abteufen von Senkkästen wird das Grundwasser durch Druckluft aus dem Arbeitsraum ferngehalten (**Grundwasserverdrängung**), so daß der Boden im Trockenen ausgehoben werden kann.

Die Wahl des jeweiligen Verfahrens richtet sich im wesentlichen nach folgenden Parametern und Randbedingungen:

- Größe und Form der Baugrube
- Absenktiefe des Grundwasserspiegels
- Baugrundverhältnisse (Bodenarten, Schichtung, Durchlässigkeit)
- Wasserverhältnisse (gespanntes oder nicht gespanntes Grundwasser, Grundwasserstockwerke)
- Gefährdung von Nachbarbebauung, Verkehrswegen, Leitungen
- Platzverhältnisse
- vorgesehene Baugrubenumschließung

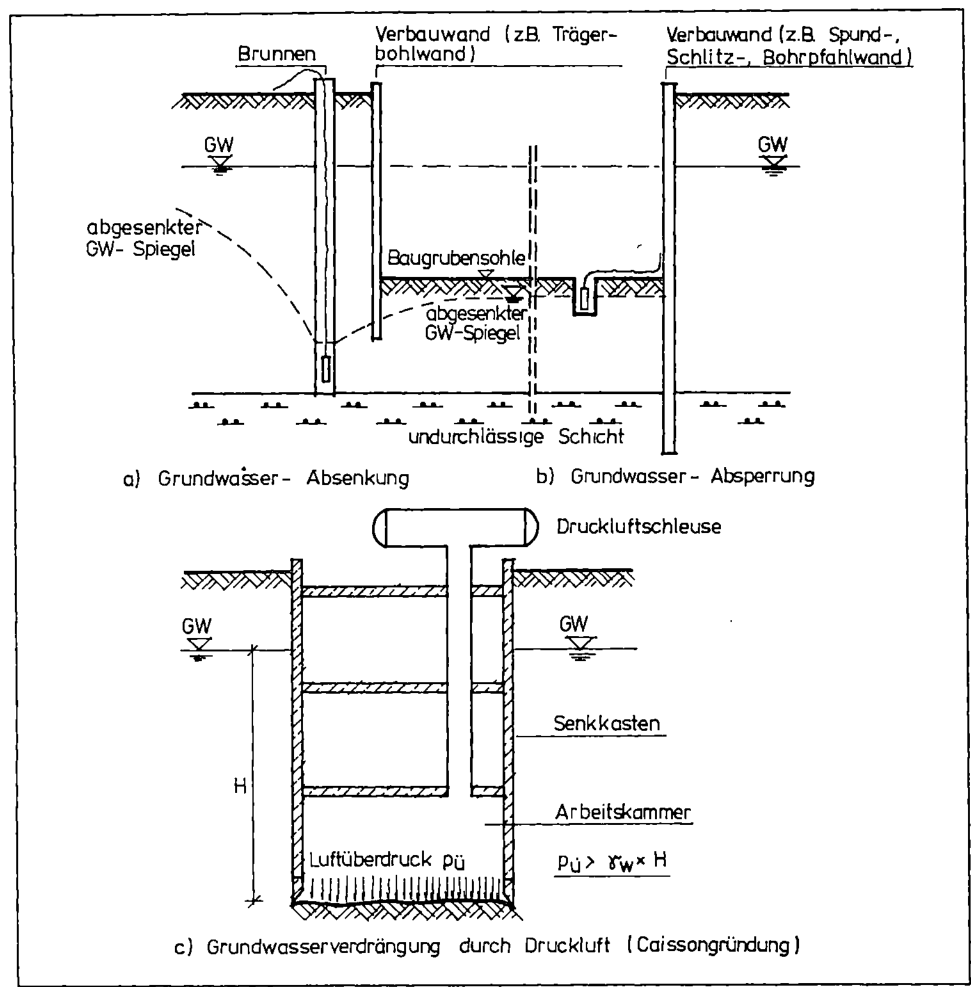

Bild 1.2 Verfahren zur Herstellung trockener Baugruben unter dem Grundwasserspiegel

Die Vor- und Nachteile der 3 Methoden sind in Tafel 1.2 zusammengestellt.

Da die Verdrängung des Grundwassers durch Druckluft auf Sonderfälle (Tunnelbau, Gründung von Brückenpfeilern und Seeschiffskajen) beschränkt bleiben wird, soll auf diese Methode nicht weiter eingegangen werden. Detaillierte Angaben finden sich z.B. in [20], [28].

Tafel 1.2 Vor- und Nachteile von Methoden zur Wasserhaltung

Methode	Vorteile	Nachteile
Grundwasser-absenkung	-kostengünstig -in vielen Böden anwendbar -technisch einfach durchführbar -mit jeder Verbauart kombinierbar -die Verbauwände sind nicht durch Wasserdruck belastet	-Vorlaufzeit vor Aushubbeginn erforderlich -Platzbedarf für Brunnen -großer Einzugsbereich -wasserhaushaltsrechtliche Probleme -Gefahr von Setzungen für benachbarte Bauwerke -in Kiesen wegen des starken Wasserandranges häufig nicht anwendbar
Grundwasser-absperrung	-keine Entnahme von Grundwasser erforderlich -keine Setzungsgefahr für benachbarte Bauwerke infolge Wasserhaltung -Herstellung von Brunnen nur für das Entwässern in der Baugrube erforderlich -vertikale Abdichtung in allen Böden anwendbar	-Verbauwände müssen wasserdicht sein und auf Wasserdruck bemessen werden -wirtschaftlich häufig nur, wenn eine undurchlässige Schicht in geringer Tiefe vorhanden ist -vertikale Abdichtungen (Schlitzwände, Bohrpfahlwände) können nicht entfernt werden und beeinträchtigen die Grundwasserströmung auf Dauer
Grundwasser-verdrängung durch Druckluft	-keine Entnahme von Grundwasser erforderlich -in praktisch allen Böden anwendbar	-teuer wegen der Arbeiten unter Druckluft -Anwendung durch Vorschriften auf 30 m Tiefe unter GW-Spiegel begrenzt -Das Bauwerk wird als ganzes abgesenkt, daher nur für kleine Bauwerke (z.B. Brückenpfeiler, Einzelblöcke von U-Bahntunneln) geeignet -Der Grundriß des Bauwerkes muß regelmäßig sein (am besten Kreisform oder Rechteck)

1.4.2 Geschichte

Wasserhaltung und -förderung ist eine der ältesten technischen Aufgaben in der Geschichte der Menschheit. Schon in der Antike wurden Geräte und Verfahren zum Heben von Wasser, z.B. für Be- oder Entwässerungsprojekte, entwickelt. Die im dritten und zweiten Jahrtausend vor Christi Geburt vorhandenen Schöpfwerke, die durch Menschen oder Tiere betrieben wurden, sind Vorläufer der heutigen Pumpen.

Archimedes (287 - 212 v.Chr.) erfand die "Archimedische Schnecke", ein Rohr mit innen wendeltreppenartig angebrachter Schraube, das in geneigter Lage durch Umdrehen der Schraube das Wasser nach oben fördert [37].

Im Mittelalter wurde Wasser durch Schaufelräder, Becherwerke und später dann mit hölzernen Kolbenpumpen gefördert. Die Grundwasserabsenkung mit Bohrbrunnen geht auf den Anfang dieses Jahrhunderts zurück.

Die meisten der heutigen Verfahren zur Absperrung des Grundwassers sind in diesem Jahrhundert entwickelt worden. Das Injektionsverfahren wurde zwar schon 1802 von Berigny entwickelt, aber erst seit ca. 1950 für die Dichtung von Baugrubensohlen eingesetzt.

Die Entwicklung der Schlitzwandbauweise wurde erst durch die Einführung von Bentonit-Suspension als Stützflüssigkeit im Jahre 1939 ermöglicht [25]. Lorenz und Veder [49], [25], [23] führten diese Bauweise in den 50-er Jahren in großem Umfang ein.

Dichtwände mit Tonen als Dichtungsmaterial wurden in den USA um 1945 erstmals ausgeführt, während die bei uns heute üblichen Dichtwände mit Zement-Bentonit-Suspension erst in den 70-er Jahren entwickelt wurden.

Auch das typische Abdichtungselement des Wasserbaus, die Stahlspundwand, ist eine Erfindung dieses Jahrhunderts (1902, [16]).

Die Anfänge der Druckluft-Gründung gehen auf die Mitte des 19. Jh. zurück. 1841 entwickelte der französische Ingenieur Triger ein Verfahren zum Abteufen von Kohleschächten, das im Prinzip dem heute eingesetzten Verfahren gleicht. Die erste eigentliche Caissongründung, bei der über der Arbeitskammerdecke des Senkkastens das Mauerwerk hochgeführt und mit dem Absenkvorgang kontinuierlich aufgestockt wurde, ist beim Bau der Kehler Rheinbrücke 1859 ausgeführt worden [37].

1.4.3   Technische Grundlagen

Bei den Absenkverfahren fließt das Wasser infolge seiner Schwerkraft Sickergräben bzw. Dränageleitungen zu (offene Wasserhaltung) oder es strömt in einen Brunnen, in dem sich durch das Abpumpen ein niedriger Wasserspiegel eingestellt hat (geschlossene Wasserhaltung).

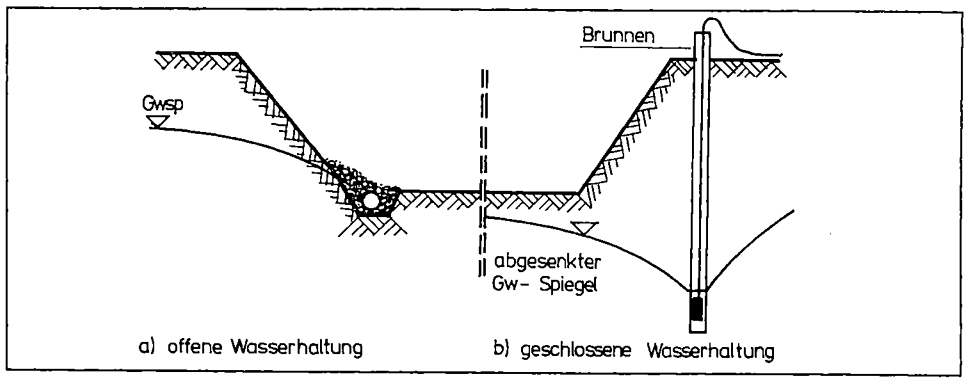

Bild 1.3   Offene und geschlossene Wasserhaltung

Wenn der Boden so gering durchlässig ist, daß das Wasser nicht allein durch seine Schwerkraft dem Brunnen zufließt, wird der Fließvorgang durch einen im Boden aufgebrachten Unterdruck in Bewegung gebracht (Vakuumverfahren). Enthält ein Boden sehr viele tonige Bestandteile, so läßt er sich auch mit Unterdruck nicht entwässern. In diesen Fällen kann das Elektro-Osmose-Verfahren zur Anwendung kommen, bei dem durch Anlegen einer Gleichspannung das Wasser zu einer Kathode (z.B. einem Brunnenrohr mit Kupfertresse) fließt.

Dieses Entwässerungsverfahren spielt bei Grundwasserabsenkungen für Baugruben praktisch keine Rolle, es wurde in Deutschland und der Schweiz zur Entwässerung und damit Stabilisierung rutschgefährdeter Hänge vereinzelt angewendet. Es wird im folgenden nicht weiter behandelt.

Die Wahl des jeweiligen Verfahrens wird vor allem von der Durchlässigkeit des Baugrundes beeinflußt. Das Gesetz von Darcy (1856) verknüpft die mittlere Fließgeschwindigkeit des Wassers im Boden mit dem vorhandenen hydraulischen Gefälle und ist damit Grundlage der Berechnung von Sickerströmungen.

$$v = k \times i \qquad \text{Gesetz von Darcy} \qquad (1.3)$$

v = Fließgeschwindigkeit des Wassers [m/s]
k = Durchlässigkeit des Bodens [m/s]

$$i = \text{hydraulisches Gefälle} = \frac{\text{Druckhöhenunterschied [m]}}{\text{Länge des Fließweges [m]}} \qquad [-]$$

In Tafel 1.3 sind Durchlässigkeitswerte für verschiedene Bodenarten zusammengestellt.

Die Reichweite einer Absenkung, d.h. der Bereich um eine Baugrube herum, in dem sich noch eine Beeinflussung des Grundwasserspiegels bemerkbar macht, errechnet sich bei GW-Absenkungsanlagen nach der Formel von Sichardt (Kap. 1.2, Gleichung 1.1).

$$R = 3000 \times s \times \sqrt{k} \qquad (\text{Bild } 1.4)$$

Tafel 1.3 Durchlässigkeitsbeiwerte für verschiedene Böden (aus[35])

Bodenart	k (m/s)	
	Grenzbereiche	**überwiegend**
Steingeröll	$10^{-1} - 5$	
Grobkies	$10^{-2} - 1$	
Mittelkies		$3,5 \times 10^{-2}$
Feinkies	$10^{-4} - 10^{-2}$	$2 \times 10^{-2} - 3 \times 10^{-2}$
Grobsand	$10^{-5} - 10^{-2}$	$10^{-4} - 10^{-3}$
Mittelsand	$10^{-6} - 10^{-3}$	10^{-4}
Feinsand	$10^{-6} - 10^{-3}$	$10^{-5} - 10^{-4}$
Sand, lehmig, schluffig	$10^{-7} - 10^{-4}$	10^{-6}
Schluff	$10^{-9} - 10^{-5}$	$10^{-9} - 10^{-7}$
Löß	$10^{-10} - 10^{-5}$	ungestört: 10^{-5} gestört: $10^{-10} - 10^{-7}$
Lehm	$10^{-10} - 10^{-6}$	$10^{-9} - 10^{-8}$
Ton	$10^{-12} - 10^{-8}$	schluffig: $10^{-9} - 10^{-8}$ mager: $10^{-10} - 10^{-9}$ fett: $10^{-12} - 10^{-10}$

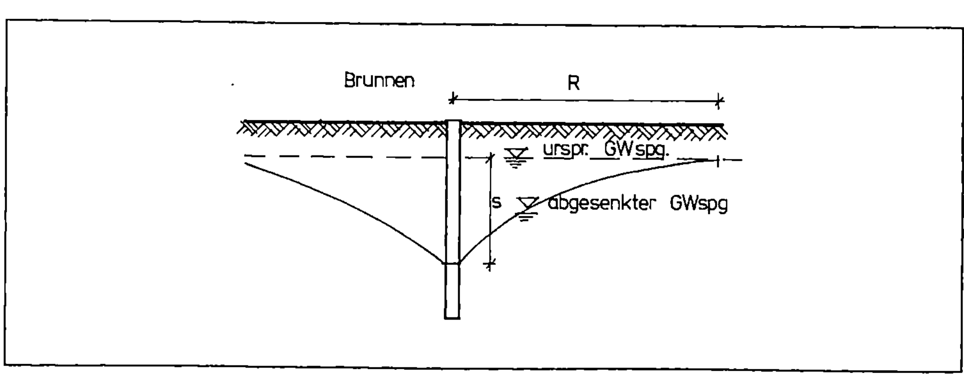

Bild 1.4   Reichweite einer Absenkung

Die Gesamtwassermenge, die einer Absenkanlage zufließt, wird nach
der Formel

$$Q = \frac{\pi \times k \; (H^2 - h^2)}{\ln \; R/A} \qquad\qquad (1.4) \qquad (Bild\ 1.5)$$

berechnet.

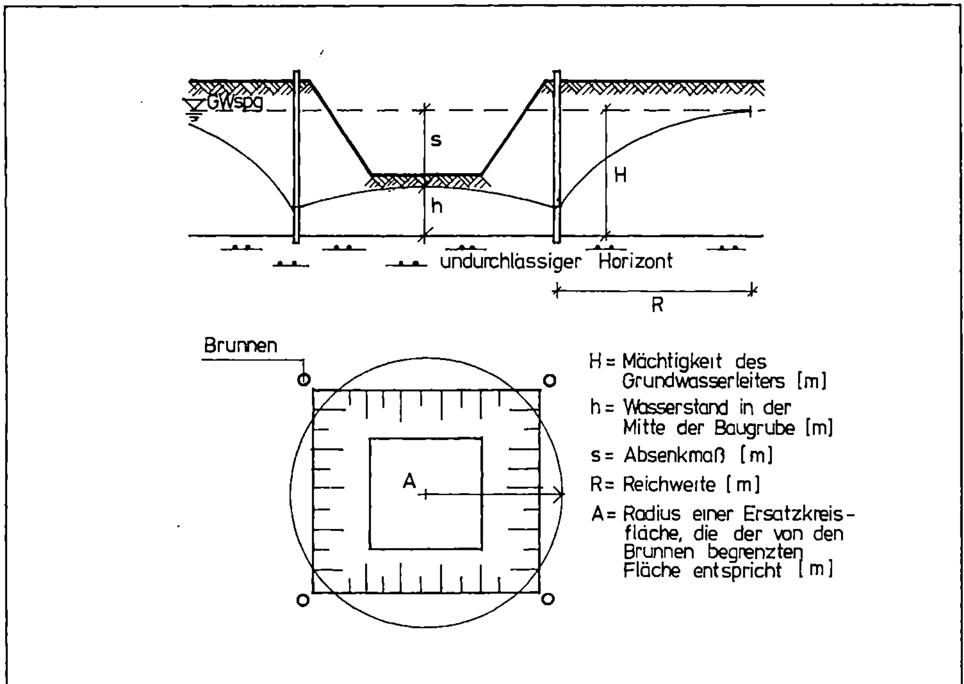

Bild 1.5   Begriffe bei einer Mehrbrunnenanlage

Aus dieser Formel geht hervor, daß die abzupumpende Wassermenge im
wesentlichen von der Durchlässigkeit k des anstehenden Bodens und
dem Absenkmaß abhängt, nicht aber von der Anzahl der Brunnen und
ihrem Durchmesser.

Auch die Wahl des Absenkverfahrens wird durch den k-Wert beeinflußt. Die Anwendungsbereiche der einzelnen Verfahren sind in Bild
1.6 zusammengestellt.

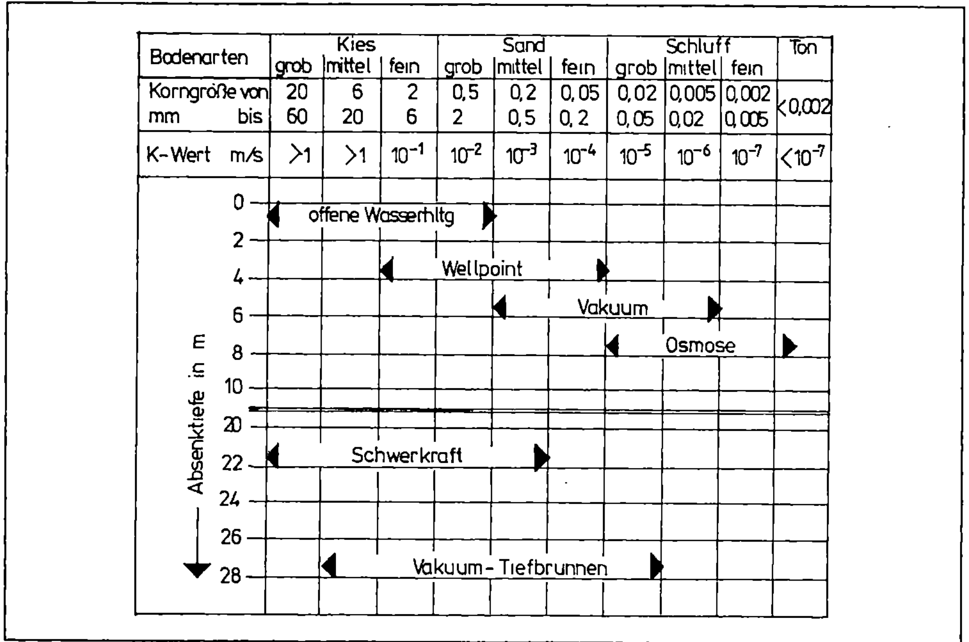

Bild 1.6   Anwendungsbereiche   der   Wasserhaltungsverfahren   (aus
[2])

Bei den Absperrungs- bzw. Abdichtungsverfahren werden die folgenden 3 Gruppen unterschieden (Bild 1.7):

- Verringerung der Durchlässigkeit des anstehenden Bodens durch
  Verminderung oder Füllung des Porenanteils
- Verdrängung des anstehenden Bodens und Einbau eines Abdich-
  tungsmaterials
- Aushub des anstehenden Bodens und Einbau eines Abdichtungsma-
  terials.

Bei nahezu allen Verfahren muß davon ausgegangen werden, daß in
der Baugrube anfallendes Restwasser, das durch die Wand und die
Sohle dringt, beseitigt werden muß. Ursachen dafür sind undichte
Fugen und Schlösser (z.B. Schlitzwand, Bohrpfahlwand, Spundwand)
oder die Durchlässigkeit des Materials (z.B. Injektionswand, Verdichtungswand, Dichtwand). So haben beispielsweise Injektionswände
und Dichtwände aus Zement-Bentonit-Suspensionen Durchlässigkeitsbeiwerte von k = 10^{-7} bis 10^{-9} m/s.

PRINZIP	DICHTWANDSYSTEM		SCHEMAT. GRUNDRISS
VERRINGERUNG DER DURCHLÄSSIGKEIT DES ANSTEHENDEN BODENS	VERDICHTUNGSWAND		
	INJEKTIONSWAND		
	GEFRIERWAND		
	DÜSENSTRAHLWAND		
VERDRÄNGUNG DES ANSTEHENDEN BODENS UND EINBAU EINES ABDICHTUNGSMATERIALS	SPUNDWAND		
	SCHMALWAND		
AUSHUB DES ANSTEHENDEN BODENS UND EINBAU EINES ABDICHTUNGSMATERIALS	BOHRPFAHLWAND		
	SCHLITZWAND:	EINPHASEN-VERFAHREN	
		ZWEIPHASEN-VERFAHREN	
		KOMBINATIONS-VERFAHREN	

Bild 1.7   Überblick über die Verfahren zur Herstellung von Abdichtungswänden (aus [25])

Einige der in Bild 1.7 angegebenen Abdichtungswände können als statisch beanspruchte Verbauwand eingesetzt werden (z.B. Stahlbetonschlitzwände, Bohrpfahlwände, Spundwände, Injektionswände, Gefrierwände), bei anderen sind zusätzliche Verbauwände erforderlich, falls die Baugruben nicht geböscht ausgeführt werden können (z.B. bei Schmalwänden, Verdichtungswänden, Dichtwänden aus Zement-Bentonit-Suspensionen).

1.5   Kosten

1.5.1   Allgemeines

Die Kosten der in den folgenden Kapiteln beschriebenen Bauverfahren werden in der Baupraxis über eine Kalkulation erfaßt. In den ersten Büchern des "Leitfadens der Bauwirtschaft und des Baubetriebes" ([36], [33]) wird ausführlich auf das baubetriebliche Rechnungswesen eingegangen. Hier wird die Kalkulation nur so weit erläutert, wie es zum Verständnis der Beispiele erforderlich ist.

Im vorliegenden Buch werden nur die Einzelkosten der Teilleistungen bei den einzelnen Verfahren beispielhaft ermittelt.
Für die Angebotskalkulation werden 4 Kostenarten unterschieden:

- Lohnkosten
- Sonstige Kosten
- Gerätekosten
- Fremdleistungen

Für die Berechnung der "Einzelkosten der Teilleistungen" werden die "Einzelkosten je Mengeneinheit" ermittelt. Dazu werden Aufwands- oder Leistungswerte verwendet, die aus Nachkalkulationen stammen.

$$\text{Aufwandswert} = \frac{\text{Arbeitsstunden}}{\text{Mengeneinheit}}$$

$$\text{Leistungswert} = \frac{\text{Mengeneinheit}}{\text{Arbeitsstunde}}$$

Da die Leistung im Tiefbau entscheidend von den Boden- und Wasserverhältnissen abhängt, lassen sich nur mittlere Aufwands- bzw. Leistungswerte angeben, die der Literatur (z.B. [6], [7], [29]) entnommen werden können.

Die für die Beispiele dieses Buches verwendeten Aufwandswerte wurden nicht der Literatur entnommen sondern bei mehreren Baufirmen bzw. Spezialtiefbaufirmen erfragt (Stand 1.1.1990). Inwieweit sie Gültigkeit für zu kalkulierende Einzelfälle haben, ist jeweils zu prüfen.

1.5.2 Ermittlung der Lohnkosten

Die Lohnkosten ergeben sich aus den gesetzlichen und tariflichen Vereinbarungen sowie den besonderen Bedingungen einer jeden Baustelle.

Die Berufsgruppen für die Berufe in der Bauwirtschaft sind für gewerbliche Arbeitnehmer im "Bundesrahmentarifvertrag für das Baugewerbe" (BRTV) [14] zusammengestellt.

Die Tariflöhne der einzelnen Berufsgruppen mit Stand vom 1.4.1989 sind ebenfalls [14] zu entnehmen. Hierbei ist zu beachten, daß zu den Tariflöhnen (TL) ein einheitlicher Bauzuschlag (BZ) von 5,4 % hinzukommt. Dieser Bauzuschlag wird gewährt zum Ausgleich der besonderen Belastungen, denen der Arbeitnehmer insbesondere durch den ständigen Wechsel der Baustelle (2,5 %) und die Abhängigkeit von der Witterung außerhalb der gesetzlichen Schlechtwetterzeit (2,9 %) ausgesetzt ist.

Für die Kalkulation ist die Ermittlung eines Kalkulationsmittellohnes erforderlich, der sich als arithmetisches Mittel sämtlicher auf einer Baustelle voraussichtlich entstehender Lohnkosten je Arbeitsstunde ergibt. Hierbei fallen neben dem Grundlohn lohnbedingte Zuschläge an wie

- Mehrarbeitszuschläge für Überstunden (25%),
  Nachtarbeit (20%) usw.

- Erschwerniszulage für Schmutzarbeit (0,5 - 7,55 DM/h), hohe
  Arbeiten (1,2 - 2,9 DM/h), heiße Arbeiten (1,55 - 2,40 DM/h)

- Vermögenswirksame Leistungen für Arbeitnehmer, die 0,03 DM je
  geleisteter Arbeitsstunde aus ihrem Arbeitslohn vermögenswirksam
  anlegen. Der Arbeitgeber muß dann 0,25 DM je geleistete
  Arbeitsstunde als "Arbeitgeberzulage" bezahlen.

Werden nur Grundlohn und lohnbedingte Zuschläge berücksichtigt, bezeichnet man den Kalkulationswert als Mittellohn A (bzw. Mittellohn AP bei Berücksichtigung des Poliergehaltes).

Bei Einrechnung der Lohnzusatzkosten - häufig auch als Sozialkosten bezeichnet - ergibt sich der Mittellohn AS (bzw. APS bei Berücksichtigung des Poliergehaltes).

Diese Lohnzusatzkosten bestehen aus lohngebundenen Kosten (wie
z.B. gesetzlicher Aufwand für Renten-, Arbeitslosen-, Kranken- und
Unfallversicherung) und lohnabhängigen Kosten (wie z.B. Organisa-
tionsbeiträgen und Haftpflichtversicherungen). Die Lohnzusatzkosten variieren regional und firmenindividuell. In der Kalkulation
werden die Lohnzusatzkosten als Prozentsatz den Grundlöhnen zugeschlagen.

Dieser Prozentsatz wird z.B. vom Verband der Bauindustrie für Nie-
dersachsen e.V. mit 101,41 % angegeben (Stand 1989). Der Kalkulationsmittellohn ASL (bzw. APSL bei Berücksichtigung des Poliergehaltes) ergibt sich, wenn noch die Lohnnebenkosten eingerechnet
werden, zu denen die Auslösung, Fahrtkostenerstattung u.s.w. zählen. Die Lohnnebenkosten werden durch die Lage der Baustelle beeinflußt und variieren daher auch innerhalb einer Bauunternehmung
stark.

Für eine fiktive Baustelle wird im folgenden der Kalkulationsmittellohn APSL ermittelt. Bei der Zusammensetzung der Kolonne werden
die besonderen Merkmale des Spezialtiefbaus berücksichtigt. Die
Kolonnen sind klein (3 - 5 Mann), und bei den meisten Arbeiten
(z.B. Herstellung von Brunnen, Dichtwänden, Schmalwänden) ist ein
Baumaschinenführer erforderlich. Wegen der geringen Kolonnenstärke
ist üblicherweise ein Polier für mehrere Kolonnen (z.B. für 2)
verantwortlich, er wird daher hier nur mit der Hälfte seines
Gehaltes (Tarifgehalt + Vermögenszulage = 4.167 + 46 = 4.213 DM)
angesetzt. Seine Arbeitszeit beträgt 173 h/Monat.

$$\text{Poliergehalt} \quad 0,5 \times \frac{4.213 \text{ DM}}{173 \text{ h}} = 12,18 \text{ DM/h}$$

1 Baumaschinenführer	= 18,28 DM/h
1 Spezialfacharbeiter	= 17,94 DM/h
1 Gehobener Baufacharbeiter	= 16,48 DM/h
1 Baufachwerker	= 15,39 DM/h
1 Bauwerker	= 14,85 DM/h

5 Arbeitskräfte	= 95,12 DM/h
(Poliergehalt ist umgelegt)	

Durchschnittlicher Gesamttarifstundenlohn
$$95,12 \text{ DM/h} : 5 \qquad = 19,02$$

Lohnbedingte Zuschläge
  - Stammarbeiterzulage
    (Annahme: für 4 von 5 Arbeitskräften)
$$0,20 \text{ DM/h} \times 4:5 \qquad = \underline{0,16 \text{ DM/h}}$$
$$\text{Summe} \qquad = 19,18 \text{ DM/h}$$

  - Überstundenzuschlag (25%)
    wöchentliche Arbeitszeit (Annahme) = 48 h/Woche
    tarifliche Arbeitszeit   = 40 h/Woche

$$\frac{8 \text{ h}}{48 \text{ h}} \times 0,25 = 0,042$$

$$0,042 \times 19,18 \text{ DM/h} \qquad = 0,81 \text{ DM/h}$$
  - Vermögensbildung
    (Annahme bei 80 % der Belegschaft)
$$0,25 \text{ DM/h} \times 0,8 \qquad = \underline{0,20 \text{ DM/h}}$$
Mittellohn AP $\qquad$ **= 20,19 DM/h**
  - Lohnzusatzkosten
$$1,0141 \times 20,19 \qquad = \underline{20,47 \text{ DM/h}}$$
Mittellohn APS $\qquad$ **= 40,66 DM/h**
  - Lohnnebenkosten
    (angenommen 16,6% auf Mittellohn AP)
$$0,166 \times 20,19 \text{ DM/h} \qquad = \underline{3,36 \text{ DM/h}}$$
Kalkulationsmittellohn APSL $\qquad$ **= 44,02 DM/h**

Der Kalkulationsmittellohn APSL wird im folgendem bei der Berechnung der Einzelkosten der Teilleistungen mit 44,02 DM/h angesetzt.

1.5.3 Ermittlung der Sonstigen Kosten

Zu den Sonstigen Kosten gehören im Rahmen der "Einzelkosten der Teilleistungen" die Kosten für Baustoffe, Bauhilfsstoffe und - wenn nicht anders erfaßt - Betriebsstoffe (Bild 1.8).

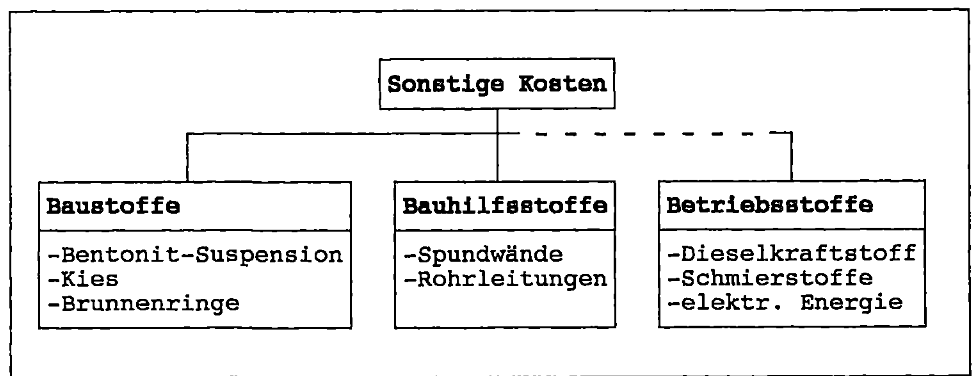

Bild 1.8   Sonstige Kosten

Unter Baustoffen werden alle Materialien verstanden, die Bestand-
teil des Bauwerkes werden. Die Kosten setzen sich zusammen aus
- Einkaufspreisen nach Abzug aller Rabatte
- Frachtkosten für die Anlieferung zur Baustelle
- Verlusten bei Transport und Bearbeitung.

Die Lohnkosten für das Abladen auf der Baustelle (z.B. Brunnenringe) gehen zu Lasten der Baustelle und müssen deshalb in die
Aufwandswerte der jeweiligen Teilleistungen eingerechnet werden.

In den Beispielen dieses Buches werden folgende Stoffkosten
angesetzt:

$$\text{Filterkies:} \quad 35 \text{ DM/m}^3$$
$$\text{Bentonit} \quad : \quad 380 \text{ DM/t}$$
$$\text{Zement} \quad \quad : \quad 130 \text{ DM/t}$$

Zu den Bauhilfsstoffen zählen diejenigen Stoffe, die mehrfach eingesetzt werden und dabei eine Wertminderung erfahren (z.B. Spundwände, Rohrleitungen). Die Kosten hierfür werden im allgemeinen
aus dem Einkaufspreis, der Zahl möglicher Einsätze und einem
eventuellen Wiederverkaufswert ermittelt.

Als Betriebsstoffe gelten elektrische Energie, Kraftstoffe,
Heizöl, Schmiermittel und Reinigungsmittel. Sie können bei den
"Einzelkosten der Teilleistung" nur angesetzt werden, wenn sie
diesen eindeutig zuzuordnen sind. Häufig werden Betriebsstoffe und

Schmierstoffe den jeweiligen Gerätekosten zugeschlagen. Bei den Baumaschinen kann nach [13] von einem mittleren Kraftstoffverbrauch von 0,19 l bis 0,24 l Dieselkraftstoff je kWh ausgegangen werden. Es wird bei allen Beispielen ein Kraftstoffverbrauch von 0,2 l/kWh angesetzt, wobei der Dieselkraftstoff 1 DM/l kostet (Stand 1.4.1989).

Die Schmierstoffe werden zu 20 % der Kraftstoffkosten angenommen. Die Kosten der elektrischen Energie sind regional unterschiedlich, sie werden hier mit 0,35 DM/kWh eingesetzt.

1.5.4 Ermittlung der Gerätekosten

Gerätekosten sind diejenigen Kosten, die sich aus Vorhaltung und Betrieb der Geräte ergeben. In der Kalkulation werden im allgemeinen nur die Vorhaltekosten der Geräte ermittelt, während die weiteren Kostenarten unter Lohnkosten (Bedienung), Sonstige Kosten (Betriebsstoffe) oder Gemeinkosten erfaßt werden (Bild 1.9).

Wie schon in Kapitel 1.5.3 erläutert, werden in diesem Buch davon abweichend auch die Betriebs- und Schmierstoffe als Gerätekosten zur Berechnung der "Einzelkosten der Teilleistungen" ermittelt.

Die Vorhaltekosten werden mit Hilfe der Baugeräteliste (BGL) [13] ermittelt. Die einzelnen Kostenarten sind

- kalkulatorische Abschreibung (abgekürzt A)
- kalkulatorische Verzinsung   (abgekürzt V)
- Reparaturkosten   (abgekürzt R)

Ausgangsbasis für die Berechnung ist der Neupreis der Geräte, der mit Stand 1979 in der jüngsten Baugeräteliste 1981 angegeben wird. Da sich die dort aufgeführten Neupreise seither geändert haben und zudem im Spezialtiefbau häufig Geräte eingesetzt werden, die in der Baugeräteliste nicht erfaßt sind, wurden die jeweiligen Neupreise erfragt.

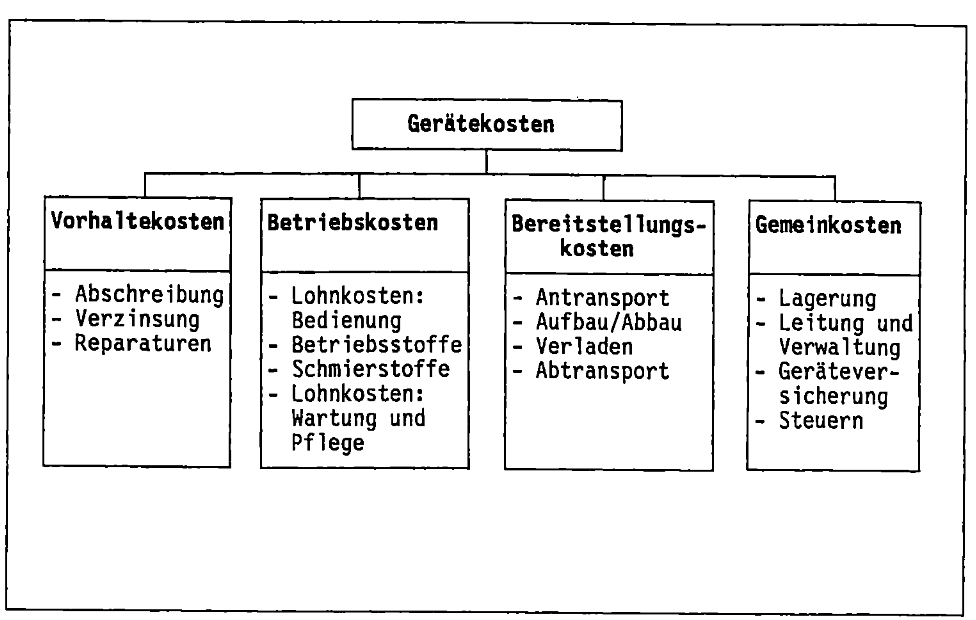

Bild 1.9   Übersicht über die Arten der Gerätekosten (aus [36])

Abschreibungs-, Verzinsungs- und Reparatursätze werden in der BGL als Prozentsatz des Neuwertes angegeben. Weitere Einzelheiten sind der Baugeräteliste (BGL) 1981 [13] oder der Spezialliteratur ([36], [8]) zu entnehmen.

Zu den Reparaturkosten ist noch eine Besonderheit anzumerken. Die in der BGL 1981 angegebenen Reparaturkostensätze (=100%) gliedern sich in

- 50 % Lohnkosten (ohne Lohnzusatzkosten, siehe Kap.1.5.2)
- 50 % Stoffkosten (Ersatzteile und Material)

Zur Ermittlung der vollen Lohnkosten bei den Reparaturen (Rep.- K_L) sind deshalb die aufgrund des Reparaturkostensatzes ermittelten Reparaturkosten (Rep.- K.) mit dem Faktor

$1 + 0,5 \times 1.0141 = 1,507$

zu multiplizieren.

Rep.- K_L = 1,507 × Rep.- K

Die Bereitstellungskosten der Geräte (An- und Abtransport) sowie
Gemeinkosten wie Lagerung, Versicherung usw. werden bei den Beispielen dieses Buches nicht berücksichtigt.

1.5.5 Hinweis zu den Beispielen

In den Abschnitten "Leistung und Kosten" werden nur die Einzelkosten der Teilleistungen (EKT) errechnet. Alle weiteren Zuschläge,
wie Gemeinkosten der Baustelle, Allgemeine Geschäftskosten, Wagnis
und Gewinn werden nicht berücksichtigt.

2 Offene Wasserhaltung

2.1 Technische Grundlagen

Das technisch einfachste Verfahren ist die offene Wasserhaltung.
Hierbei fließt das Wasser aus den geböschten oder senkrechten Wänden der Baugrube zu, wird dort gesammelt und abgeführt (Bild 1.3).

Dieses Verfahren funktioniert nur, solange das anströmende Wasser durch Gräben, Dränageleitungen und Pumpensümpfe ausreichend sicher abgeführt werden kann. Da die anströmende Wassermenge vom Spiegelunterschied und vom Durchlässigkeitsbeiwert des Bodens abhängt, kann die offene Wasserhaltung unter folgenden Bedingungen als wirtschaftliche Lösung eingesetzt werden:

- bei standfesten Böden (z.B. Fels), wenn nur Kluft- oder Schichtenwasser abgeführt werden muß
- in bindigen Böden, bei denen der Wasseranfall wegen des geringen k-Wertes klein ist, bis zu Spiegelunterschieden von ca. 5 m
- in rolligen Böden, wenn der Spiegelunterschied klein ist, bis max. 2 m.

Das Verfahren kann nicht eingesetzt werden, wenn die Gefahr des Ausspülens von Bodenteilchen durch den Strömungsdruck besteht, da dies zu Setzungen der Geländeoberfläche und damit zu einer Gefährdung von Nachbarbebauungen führen kann.

Bei der Herstellung einer Baugrube mit offener Wasserhaltung muß beachtet werden, daß das Wasser nicht nur bei Erreichen des Endaushubes sondern kontinuierlich mit dem Aushub abgeführt werden muß. Das bedeutet, daß das Wasser in den einzelnen Bauzuständen über provisorische Gräben und Leitungssysteme abgeleitet wird, und Pumpensümpfe ständig neu angelegt bzw. vertieft werden müssen.

Die Wasserhaltungsanlage besteht aus folgenden Einzelteilen:

- Gräben
- Dränageleitungen

- Pumpensümpfen
- Pumpen
- Druckleitungen zur Vorflut

Bei Baugrubenbreiten bis ca. 20 m genügt meist eine Ringdränage. Bei größeren Baugrubenbreiten sind zusätzliche Stränge (entweder parallel oder fischgrätenartig) erforderlich.

2.2 Erforderliche Stoffe und Materialien

Für die Herstellung der Drängegräben und Pumpensümpfe werden im wesentlichen folgende Stoffe und Materialien benötigt:

- Filtermaterialien
- Dränleitungen
- Brunnenringe

Die Gräben zur Wassersammlung können als offene Gräben, Sickergräben oder Dränagegräben ausgebildet werden.

Offene Gräben können nur in standfestem Boden ausgeführt werden. Sie müssen ein Längsgefälle > 0,5 % haben und bedürfen keines weiteren Ausbaues.

In nicht standfesten Böden werden bei geringem Wasseranfall mit rolligem Bodenmaterial (Sand oder Kies) gefüllte Sickergräben angeordnet. Das Material muß filterfest gegenüber dem anstehenden Boden und ausreichend wasserdurchlässig sein.

Statt eines filterstabilen Bodenmaterials werden heute häufig Geotextilien verwendet, die zwischen der Entwässerungsschicht aus Sand, Kies oder Steinen und dem anstehenden Boden angeordnet werden.

Geotextilien sind wasserdurchlässige, gegen mechanische, biologische und chemische Beanspruchung weitestgehend widerstandsfähige Kunststoffbahnen. Bei Dränagen verwendet man vorwiegend Spinnvliese, die durch die Verbindung ungeordnet übereinander gelegter Fasern entstehen. Die Geotextilien müssen für den jeweiligen Boden nach materialeigenen Filter- und Durchlässigkeitskriterien ausgewählt werden.

Wird kein Geotextil verwendet, so muß das eingefüllte Bodenmaterial auf den umgebenden Baugrund abgestimmt sein, damit es nicht durch eingeschlämmtes Bodenmaterial zur Verringerung der Durchlässigkeit kommt. Meist werden zur Beurteilung der Filterstabilität die Filterkriterien von Terzaghi empfohlen (Bild 2.1).

$$\frac{D_{15}}{d_{85}} < 4 \qquad\qquad \frac{D_{15}}{d15} > 4$$

mit D_{15} = Korndurchmesser des Filtermaterials bei 15 % Siebdurchgang [mm]

d_{15} = Korndurchmesser des abzufilternden Bodens bei 15 % Siebdurchgang [mm]

d_{85} = Korndurchmesser des abzufilternden Bodens bis 85 % Siebdurchgang [mm]

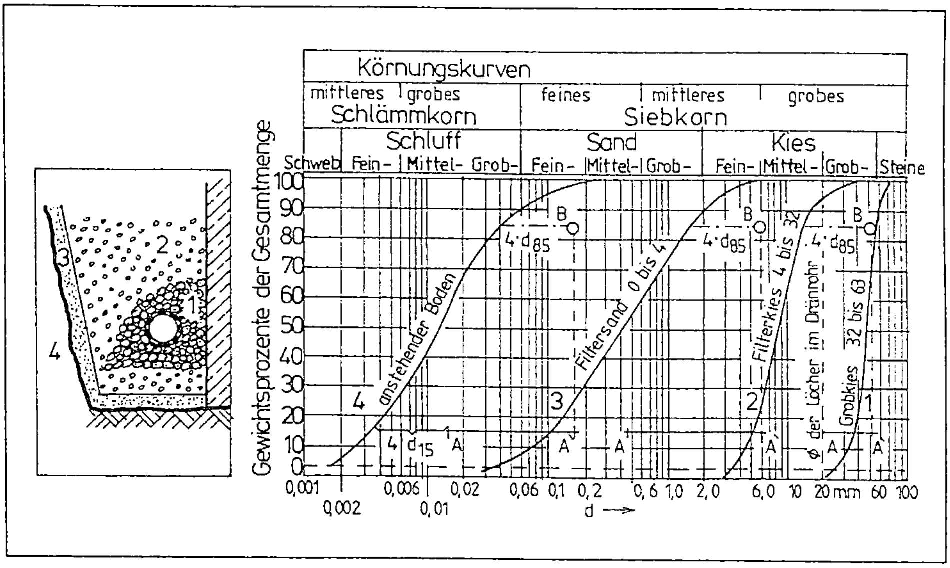

Bild 2.1 Beispiel für einen Filteraufbau (aus DIN 4095)

International gebräuchlich sind die Filterregeln des US Corps of Engineers, die zu einem ähnlichen Filteraufbau führen wie die Regeln von Terzaghi:

$$\frac{D_{15}}{d_{85}} < 5 \qquad \frac{D_{15}}{d_{15}} > 5 \qquad \frac{D_{50}}{d_{50}} < 25$$

In Drängräben werden Leitungen verlegt und mit einem Filtermaterial umgeben. Als Rohre werden verwendet:

- Tonrohre
- Steinzeugrohre
- poröse Betonrohre aus Einkornbeton
- längsgeschlitzte steife Kunststoffrohre
- geschlitzte, gewellte, flexible Kunststoffrohre

Wegen ihrer Flexibilität, ihres geringen Gewichts und ihrer leichten Verlegbarkeit werden - insbesondere für Bauzustände - vorwiegend gewellte Kunststoffrohre mit Schlitzweiten von ca. 0,2 mm verwendet. Die Durchmesser der Dränrohre liegen je nach Material zwischen 100 und 300 mm.

Das in den Wasserfassungsgräben (Längsneigung ca. 0,5 - 1 %) gesammelte Wasser wird zu Pumpensümpfen geleitet, von wo aus es zur Vorflut gepumpt wird.

Pumpensümpfe sind Vertiefungen zum Sammeln des Wassers. In Zwischenbauzuständen dienen dazu mit dem Bagger oder per Hand ausgehobene Löcher, in die z.B. Blechfässer gestellt werden.

Sollen Pumpensümpfe länger betrieben werden, so kommen zur Stützung der Seitenwände Brunnenringe oder PVC-Schlitzfilterrohre zur Anwendung.

Abstützungen mit Holz- oder Stahlbohlen, Stahl- oder Betonrohren und Stahlfässern sind ebenfalls üblich.

Die Sohlen von Pumpensümpfen sollen mindestens 1 bis 1,5 m unter den Baugrubensohlen liegen, um genügend Stauraum zur Verfügung zu haben. Die Durchmesser liegen bei ca. 1 m.

2.3 Geräte und Verfahren

Die Entwässerungsgräben werden entweder mit dem Tieflöffelbagger oder per Hand hergestellt und verfüllt. Beim Einbau von Geotextilien sind die Richtlinien der Hersteller zu beachten (Bild 2.2).

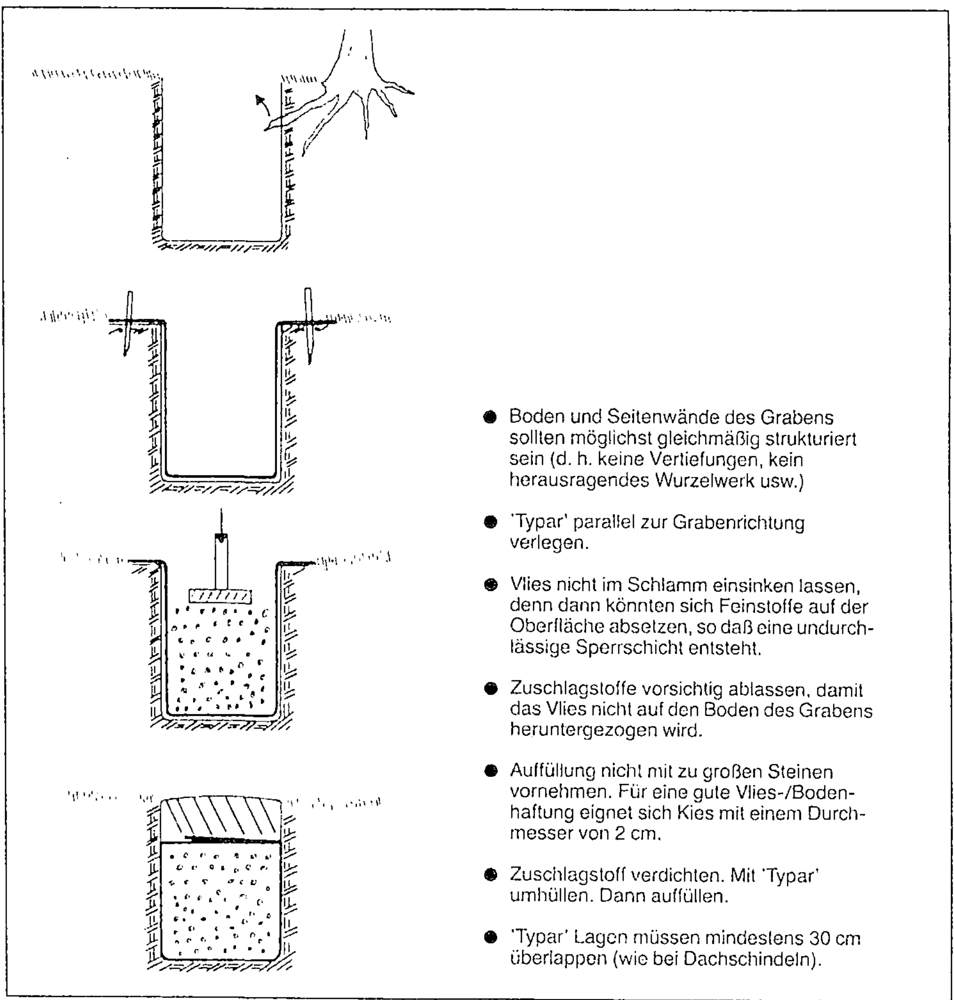

Bild 2.2   Einbauanleitung für ein Geotextil (aus [9])

Damit sich während der Bauzeit auf der Baugrubensohle keine Wasseransammlungen bilden, sollte insbesondere bei bindigen Böden ein Gefälle von ca. 2 % zu den Gräben vorhanden sein.

Häufig gelingt es mit Gräben nur, den Wasserspiegel im Böschungbereich bzw. hinter der Baugrubenwand abzusenken, nicht aber im eigentlichen Baugrubenbereich. In diesen Fällen muß das von unten hochdrückende Wasser in einem Flächenfilter gesammelt und über Sauger und Sammler den Pumpensümpfen zugeleitet werden (Bild 2.3).

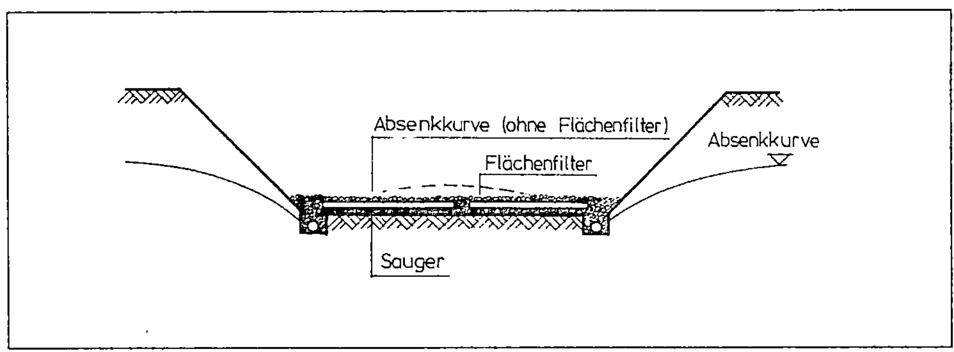

Bild 2.3   Flächenfilter auf der Baugrubensohle

Die für das Fördern des Wassers erforderlichen Pumpen stehen entweder an der Geländeoberfläche (Kreiselpumpen) oder hängen in den Pumpensümpfen (Tauchpumpen).

Heute werden überwiegend Tauchpumpen eingesetzt, wobei die Auswahl nach Fördermenge, erreichbarer Förderhöhe und Antriebsart erfolgt.

Tauchpumpen bestehen aus einer Kreiselpumpe mit vertikaler Welle und einem Elektromotor, die eine kompakte, wasserdichte Einheit bilden. Die Leitungen stehen unter Druck, so daß selbst bei undichter Leitung bzw. undichten Rohrkupplungen der Wirkungsgrad nicht wesentlich vermindert wird.

Übliche Kreiselpumpen, die auf der Geländeoberfläche aufgestellt
werden, haben eine horizontale Welle. Ihre Saughöhe ist auf maximal 8 m begrenzt. Eventuelle Undichtigkeiten in den Ansaugleitun-
gen führen zu drastischen Verminderungen der Saugleistung.

2.4 Leistung und Kosten

Die Leistung und die Kosten beim Herstellen und Betreiben einer
offenen Wasserhaltung werden im wesentlichen von folgenden Parametern beeinflußt:

- Größe der Baugrube
- Tiefenlage des Grundwasserspiegels und gewünschtes Absenkmaß
- Durchlässigkeit des Bodens
- Dauer der Wasserhaltung
- Entfernung zum Vorfluter
- Einleitungsgebühren

Als Beispiel wird eine 20 m x 12 m große geböschte Baugrube von 5
m Tiefe gewählt (Bild 2.4). Der anstehende Baugrund besteht aus
schluffigem Sand mit einer Durchlässigkeit von $k = 10^{-5}$ m/s.

Die anfallende Wassermenge je m Sickergraben beträgt $q \approx 0,006$
l/s. Bei 2 Pumpensümpfen ergibt sich je Pumpensumpf

$q' = 0,006$ l/sm x 32 m $\approx 0,2$ l/s.

Die Berechnung der Kosten erfolgt getrennt nach Herstellung (bzw.
Rückbau) und Unterhaltung der Anlage.

Die Herstellung bzw. der Rückbau der Anlage besteht aus folgenden
Einzelleistungen

a)   Aushub der Sickergräben
b)   Verlegen der Dränleitung
c)   Einbau von Filterkies einschl. Verdichtung
d)   Bodenaustausch (50 cm stark) in der Baugrubensohle
e)   Einbringen von Filterkies (50 cm stark) in der Baugrubensohle
f)   Herstellen von 2 Pumpensümpfen

g)   Einbau der Pumpen

h)   Oberirdisches Verlegen von Stich- und Sammelleitungen

i)   Ausbau der Pumpen

j)   Rückbau der oberirdisch verlegten Stich- und Sammelleitungen.

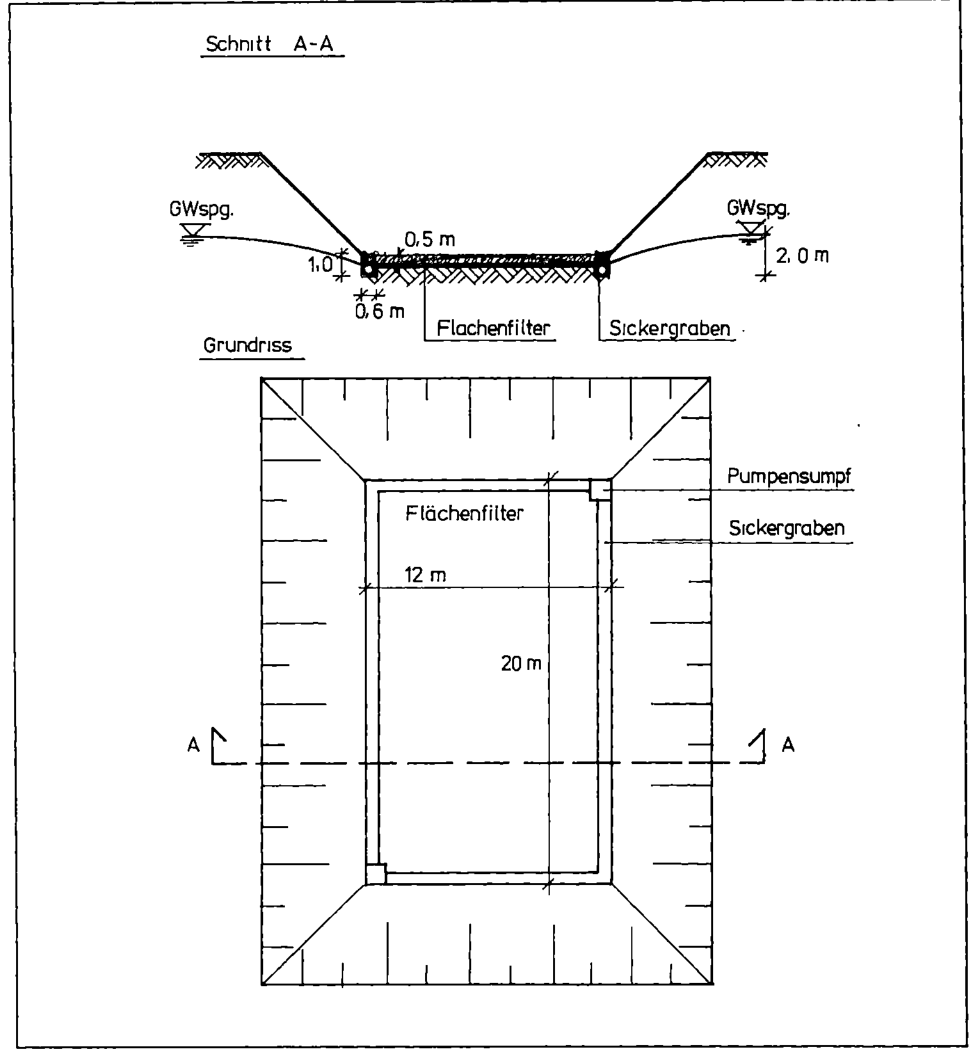

Bild 2.4 Beispiel für eine offene Wasserhaltung

zu a) bis c)

Es werden die Kosten für einen umlaufenden Sickergraben von 0,6 m Breite und 1,0 m Tiefe ermittelt. In dem Graben wird ein Kunststoffrohr (Durchmesser 150 mm, Materialkosten 10 DM/m) verlegt, das mit Filterkies umhüllt wird.

Für den Aushub ist der Leistungswert des Baggers maßgebend:

Leistungswert: 17 lfdm/h

Die Kolonne besteht aus 2 Arbeitskräften

1 Baumaschinenführer
<u>1 Helfer</u>
2 Mann

Aufwandswert: $\dfrac{1\ h}{17\ lfdm} \times 2 = 0,12\ h/m$

Die Aufwandswerte für Verfüllen und Verlegen der Dränleitung betragen:

Verfüllen der unteren Grabenhälfte
im Rohrbereich per Hand   : 0,24 h/lfdm
Verfüllen der oberen Grabenhälfte : 0,12 h/lfdm
Verlegen der Dränleitung   : 0,1 h/lfdm

Die erforderliche Einsatzzeit für den Radlader zum Verfüllen und die Rüttelplatte zum Verdichten berechnen sich zu

$$\frac{\text{Aufwandswert}}{\text{Arbeitskräfte}} = \frac{(0,24 + 0,12)h}{2\ lfdm} = 0,18\ \frac{h}{lfdm}\ .$$

Radlader und Rüttelplatte sind zu 50 % der Zeit ausgelastet (Annahme).

zu d) und e)

Der nur gering wasserdurchlässige Boden im Sohlbereich wird mit einer Mächtigkeit von 0,5 m ausgehoben und durch eine Filterkiesschicht ersetzt. Der Aushub erfolgt mit einem Hydraulikbagger (Leistungswert 13,3 m^3/h), die Abfuhrkosten werden mit 25 DM/m^3 angesetzt.

$$\text{Aufwandswert} = \frac{1}{13,3\ m^3/h} \times 2\ \text{Arbeitskräfte} = 0,15\ \frac{h}{m^3}$$

Für den Einbau des Filterkieses (Materialkosten 35 DM/m^3) werden ein Radlader und eine Rüttelplatte benötigt. Die Kolonne besteht aus 2 Mann.

Der Aufwandswert liegt bei 0,15 h/m^2.

Die Einsatzzeit von Radlader und Rüttelplatte berechnet sich zu

$$0,15\ \frac{h}{m^2} \times \frac{1}{2\ \text{Arbeitskräfte}} = 0,075\ \frac{h}{m^2}\ .$$

zu f) und g)

Es werden 2 Pumpensümpfe (Durchmesser 1 m, Tiefe 1,5 m) angelegt. Die Arbeiten werden mit einem Seilbagger ausgeführt, die erforderliche Kolonnenstärke beträgt 3 Mann.

Aufwand
je Pumpensumpf: Aushub des Pumpensumpfs   9 h   (3 Mann)

                    Einbau von Filtermaterial   1,5 h (3 Mann)
                    und Schachtringen

                    Einbau der Pumpe (1 kW)   3 h   (2 Mann)
                    (Förderleistung 1 m^3/h,
                    Förderhöhe max. 7 m)
                    einschl. aller Armaturen
                    und Formstücke

Die Einsatzzeit für den Seilbagger errechnet sich zu:

$$\frac{9\ h}{3\ \text{Arbeitskräfte}} + \frac{1{,}5\ h}{3\ \text{Arbeitskräfte}} + \frac{3\ h}{2\ \text{Arbeitskräfte}} = 5{,}0\ h$$

Der Aushub (ca. 2,0 m^3) wird für 25 DM/m^3 abtransportiert. Als Materialkosten sind für Schachtringe und Filterkies 200 DM anzunehmen.

zu h)

Für das oberirdische Verlegen der Stich- und Sammelleitung (Schnellkupplungsrohre SK 108) werden ein Seilbagger und 2 Mann benötigt.

Der Aufwandswert liegt bei 0,15 h/lfdm. Die Einsatzzeit des Seilbaggers berechnet sich zu:

$$0{,}15\ \frac{h}{\text{lfdm}}\ \text{x}\ \frac{1}{2\ \text{Arbeitskräfte}} = 0{,}075\ \frac{h}{\text{lfdm}}$$

Für das angegebene Beispiel sind ca. 100 m Rohrleitung erforderlich.

zu i)

Die Pumpe wird mit einem Seilbagger und 2 Mann ausgebaut.

Aufwandswert: 2 h

Einsatzzeit des Seilbaggers: $\dfrac{2\ h}{2\ \text{Arbeitskräfte}} = 1\ h$

zu j)

Die Stich- und Sammelleitung wird mit dem Seilbagger und einer Kolonne von 2 Mann rückgebaut.

Aufwandswert: 0,075 h/m

Einsatzzeit
des Seilbaggers: $0,075 \dfrac{h}{lfdm} \times \dfrac{1}{2\ \text{Arbeitskräfte}} = 0,0375 \dfrac{h}{lfdm}$

Die Vorhalte- und Betriebskosten der Geräte sind in Tafel 2.1, die Einzelkosten der Teilleistungen in den Tafeln 2.2 bis 2.4 dargestellt.

Die Vorhalte- und Betriebskosten der Anlage setzen sich aus folgenden Anteilen zusammen:

Vorhaltekosten:

Pumpe (1 kW)   :   5,30 DM/Tag

Rohrleitung (SK 108):   0,07 DM/m/Tag

Zentrale Schalt- und
Überwachungsstation :   10,00 DM/Tag

Notstromaggregat   :   22,00 DM/Tag

Betriebskosten

Strom: $\dfrac{1\ kW}{Pumpe} \times \dfrac{24\ h}{Tag} \times 0,35 \dfrac{DM}{kWh} = 8,40$ DM/Tag/Pumpe

Warten und Betreiben
der Anlage durch
einen Maschinisten: 4 h/Tag x 44,02 DM/h = 176,08 DM/Tag

Einleitungsgebühren: 2,0 DM/m^3

(Die anfallende Wassermenge je Pumpensumpf beträgt

   0,2 l/s x 3600 s/h = 720 l/h $\approx$ 1 m^3/h)

In Tafel 2.5 sind die Gesamtkosten der Anlage für eine Betriebszeit von 4 Monaten zusammengestellt.

Tafel 2.1   Ermittlung der Vorhalte- und Betriebskosten / h

Bezeichnung	Neuwert DM	Abschreibung + Verzinsung je Monat %	DM	Reparatur je Monat %	DM	Reparatur je Monat einschl. Lohnfaktor DM
Hydraulik-bagger (49 kW)	170.000	2,0	3.400,00	1,6	2.720,00	4.099,04
Radlader (33 kW)	61.000	3,2	1.952,00	2,7	1.647,00	2.482,03
Bereifung	2.600	4,4	114,40	-	—	
Flächenrüttler (4,4 kW)	5.900	3,8	224,20	2,6	153,40	231,17
Seilbagger (35 kW)	117.000	1,9	2.223,00	1,4	1.638,00	2.468,47
Gerätevorhaltekosten / Monat						

Gerätekosten/h	Betriebsstoffe DM/h	Vorhaltekosten DM/h
Hydraulikbagger $\dfrac{7.499,04 \text{ DM/Mon}}{175 \text{ h/Mon}}$		42,85
Betriebsstoffe $49 \text{ kW} \times 0{,}2 \dfrac{1}{\text{kWh}} \times 1 \dfrac{\text{DM}}{1}$	9,80	
Schmierstoffe $0{,}2 \times 9{,}80$	1,96	
Summe 54,61 DM/h	**11,76**	**42,85**
Radlader und Flächenrüttler $\dfrac{5.003,80 \text{ DM/Mon}}{175 \text{ h/Mon}}$		28,59
Betriebsstoffe $37{,}4 \text{ kW} \times 0{,}2 \dfrac{1}{\text{kWh}} \times 1 \dfrac{\text{DM}}{1} \times 0{,}5$	3,74	
Schmierstoffe $0{,}2 \times 3{,}74$	0,75	
Summe 33,08 DM/h	**4,49**	**28,59**
Seilbagger $\dfrac{4.691,47 \text{ DM/Mon}}{175 \text{ h/Mon}}$		26,81
Betriebsstoffe $35 \text{ kW} \times 0{,}2 \dfrac{1}{\text{kWh}} \times 1 \dfrac{\text{DM}}{1}$	7,00	
Schmierstoffe $0{,}2 \times 7{,}00$	1,40	
Summe 35,21 DM/h	**8,40**	**26,81**

Tafel 2.2   Ermittlung der Einzelkosten für Aushub der Sickergräben, Verlegen der Dränleitung und Einbau von Filterkies

Ermittlung der Einzelkosten der Teilleistungen	Lohn-stunden h	Lohn DM	Sonstige Kosten DM	Geräte DM
a-c) (Aushub Sickergräben, Verlegen der Dränleitung, Einbau von Filterkies)				
1.Lohn 44,02 DM/h $$(0{,}12 + 0{,}24 + 0{,}12 + 0{,}1)\,\frac{h}{1fdm}\; x\; 64\; 1fdm$$	37,12	1.634,02		
2. Material				
Abfuhr des Aushubs $$64\; 1fdm\; x\; 0{,}6\,\frac{m^3}{1fdm}\; x\; 25\,\frac{DM}{m^3}$$			960,00	
Dränleitung $$64\; m\; x\; 10\,\frac{DM}{m}$$			640,00	
Filterkies (Es wird ein Verlust von 5% angesetzt) $$0{,}6\,\frac{m^3}{1fdm}\; x\; 1{,}05\; x\; 35\,\frac{DM}{m^3}\; x\; 64\; 1fdm$$			1.411,20	
3.Geräte				
Hydraulikbagger $$\frac{64\; 1fdm}{17\; 1fdm/h}\; x\; 54{,}61\,\frac{DM}{h}$$				205,59
Radlader und Flächenrüttler $$0{,}18\,\frac{h}{1fdm}\; x\; 64\; 1fdm\; x\; 33{,}08\,\frac{DM}{h}$$				381,08
Summe bzw. **5.231,89 DM** / **81,75 DM/1fdm**	37,12	1.634,02	3.011,20	586,67

Tafel 2.3 Ermittlung der Einzelkosten für den Bodenaustausch

Ermittlung der Einzelkosten der Teilleistungen	Lohn- stunden h	Lohn DM	Sonstige Kosten DM	Geräte DM
d) und e) (Bodenaustausch)				
1.Lohn 44,02 DM/h				
$0{,}15 \ \dfrac{h}{m^3} \times$ 12m x 20m x 0,5m (Aushub)	18			
$0{,}15 \ \dfrac{h}{m^2} \times$ 12m x 20m (Einbau)	36			
2.Material				
Abfuhr des Aushubs				
12m x 20m x 0,5m x 25 $\dfrac{DM}{m^3}$			3.000,00	
Filterkies (Es wird ein Verlust von 5% angesetzt)				
12m x 20m x 0,5m x 35 $\dfrac{DM}{m^3}$ x 1,05			4.410,00	
3.Geräte				
Hydraulikbagger				
$\dfrac{12m \ x \ 20m \ x \ 0{,}5m}{13{,}3 \ m^3/h} \times 54{,}61 \ \dfrac{DM}{h}$				492,72
Radlader und Flächenrüttler				
$0{,}075 \ \dfrac{h}{m^2} \times$ 12m x 20m x 33,08				595,44
Summe 10.875,24 DM bzw. 45,31 DM/m²	54,00	2.377,08	7.410,00	1.088,16

Tafel 2.4 Ermittlung der Einzelkosten für das Herstellen der
           Pumpensümpfe, Ein- und Ausbau der Pumpen und das
           oberirdische Verlegen bzw. den Rückbau von 100 m
           Stich- und Sammelleitung

Ermittlung der Einzelkosten der Teilleistungen	Lohn-stunden h	Lohn DM	Sonstige Kosten DM	Geräte DM
f-j) Herstellen von 2 Pumpensümpfen, Ein- und Ausbau der Pumpen, oberirdisches Verlegen und Rückbau von 100 m Stich- und Sammelleitung 1.Lohn 44,02 DM/h $2 \times 13,5\ h + 0,15\ \dfrac{h}{lfdm} \times 100\ lfdm$ $+ 2 \times 2h + 0,075\ \dfrac{h}{lfdm} \times 100\ lfdm$	53,50			
2.Material Aushub Pumpensümpfe $2 \times 2,0\ m^3 \times 25\ \dfrac{DM}{m^3}$			100,00	
Schachtringe und Filterkies 2 x 200 DM (Die Kosten für die Rohrleitungen und Pumpen werden in die Vorhaltekosten der Anlage eingerechnet)			400,00	
3.Geräte Seilbagger $\left[2 \times 5h + 0,075\ \dfrac{h}{lfdm} \times 100 lfdm + 2 \times 1h \right.$ $\left. \times 0,0375\ \dfrac{h}{lfdm} \times 100\ lfdm \right] \times 35,21\ \dfrac{DM}{h}$				818,63
Summe **3.673,70 DM**	**53,50**	**2.355,07**	**500,00**	**818,63**

Tafel 2.5   Zusammenstellung der Gesamtkosten der Anlage

Gesamtkosten der Anlage (Betriebszeit 4 Monate = 120 Tage)	Kosten DM
A.Herstellung a-c)(Aushub Sickergräben, Verlegen der Dränleitung, Einbau von Filterkies)	5.231,89
d u.e) (Bodenaustausch)	10.875,24

f-j)(Herstellen von 2 Pumpensümpfen, Ein- und Aus-
     bau der Pumpen, oberirdisches Verlegen und
     Rückbau von 100 m Stich- und Sammelleitung)
	3.673,70

B.Vorhaltung 2 Pumpen x 5,30 $\dfrac{DM}{Pumpe \; x \; Tag}$ x 120 Tage	1.272,00
100 m Rohrleitung x 0,07 $\dfrac{DM}{m \; x \; Tag}$ x 120 Tage	840,00
Zentrale Schalt- und Überwachungsstation 10 DM/Tag x 120 Tage	1.200,00
Notstromaggregat 22 DM/Tag x 120 Tage	2.640,00
C.Betrieb Strom 2 Pumpen x 8,40 DM/Pumpe x 120 Tage	2.016,00
Warten und Betreiben (Lohn) 176,06 DM/Tag x 120 Tage	21.129,60
Einleitungsgebühren 2 x 1 $\dfrac{m^3}{h}$ x 24 $\dfrac{h}{Tag}$ x 120 Tage x 2 $\dfrac{DM}{m^3}$	11.520,00
Summe	**60.398,43**

2.5   Sicherheitsstechnik

Bei dem Einrichten einer offenen Wasserhaltung sind die UVV
"Bauarbeiten" [40] und die DIN 4124 "Baugruben und Gräben" zu
beachten.

Insbesondere sind die dort angegebenen Richtlinien für das Anlegen von Böschungen und das Herstellen von Leitungsgräben einzuhalten.

So dürfen Gräben bis höchstens 1,25 m Tiefe ohne besondere Sicherung mit senkrechten Wänden hergestellt werden. An den Rändern der Gräben, die betreten werden müssen, sind mindestens 0,6 m breite waagerechte Schutzstreifen anzuordnen und von Aushubmaterial, Hindernissen und nicht benötigten Gegenständen freizuhalten. Bei Gräben bis zu einer Tiefe von 0,8 m kann auf einer Seite auf den Schutzstreifen verzichtet werden.

Gräben von mehr als 1,25 m Tiefe dürfen nur über geeignete Einrichtungen, z.B. Leitern oder Treppen (UVV "Leitern und Tritte" [45]) betreten und verlassen werden. Gräben von mehr als 0,80 m Breite sind in ausreichendem Maße mit Übergängen, z.B. Laufbrücken oder Laufstegen, zu versehen.

Gräben, die tiefer sind als 1,25 m und betreten werden müssen, sind nach DIN 4124 zu verbauen, wenn die Grabenwände senkrecht ausgehoben werden sollen.

Je nach Anforderungen an den Arbeitsraum sind bestimmte Mindestbreiten der Gräben einzuhalten. So sind beispielsweise für Drängräben, die zwar betreten werden aber keinen betretbaren Arbeitsraum zum Verlegen oder Prüfen von Leitungen haben müssen, folgende Mindestbreiten maßgebend (Tafel 2.6).

Tafel 2.6   Lichte Mindestbreiten für Gräben ohne betretbaren
            Arbeitsraum (aus DIN 4124)

Regelver- legetiefe	bis 0,70 m	über 0,70 m bis 0,90 m	über 0,90 m bis 1,00 m	über 1,00 m bis 1,25 m
Lichte Grabenbreite	0,30 m	0,40 m	0,50 m	0,60 m

3 Grundwasserabsenkung mit Brunnen

3.1 Schwerkraftentwässerung

3.1.1 Technische Grundlagen

Das Wasser fließt nur aufgrund seiner Schwerkraft zu den Brunnen, in denen der Wasserspiegel durch Abpumpen niedrig gehalten wird. Dieses Verfahren wird vorwiegend zur GW-Absenkung in Sanden mit Durchlässigkeitsbeiwerten von $k = 10^{-2}$ bis 10^{-4} m/s angewendet. Bei Böden mit größeren Anteilen an Schluff oder Ton reicht die Schwerkraft für eine Grundwasserabsenkung häufig nicht aus.

In Kiesen mit Durchlässigkeiten größer als $k = 10^{-1}$ m/s sind die anfallenden Wassermengen so groß, daß eine Absenkung wirtschaftlich nicht zu erreichen ist.

Die Brunnen einer Schwerkraftanlage werden i.a. außerhalb der Baugrube angeordnet, da sie dann den Aushub und die Arbeiten am Bauwerk nicht behindern. Sind Brunnen innerhalb der Baugrube notwendig (z.B. bei sehr großer Baugrubenbreite), so sind bei der Abdichtung des Gebäudes Zusatzmaßnahmen wie stählerne Brunnentöpfe, die mit der Isolierung über eine Los- und Festflanschkonstruktion verbunden werden, erforderlich (Bild 3.1).

Die erforderlichen Brunnendurchmesser richten sich nach der Durchlässigkeit des Bodens und der Tiefe der Absenkung. Der Brunnenabstand hat keinen Einfluß auf die Gesamtfördermenge und wird gleich der halben bis einfachen Baugrubenbreite gewählt. Bei breiten Baugruben werden Brunnen auf beiden Seiten, bei schmalen Baugruben häufig nur auf einer Seite erforderlich.

Damit die Baugrubensohle stets trocken bleibt, wird angestrebt, daß der Wasserspiegel an der höchsten Stelle ca. 0,5 - 1 m unter die Baugrubensohle abgesenkt wird. Das bedingt, daß die Sohle der Brunnen i.a. mehrere Meter unter der Baugrubensohle liegen muß.

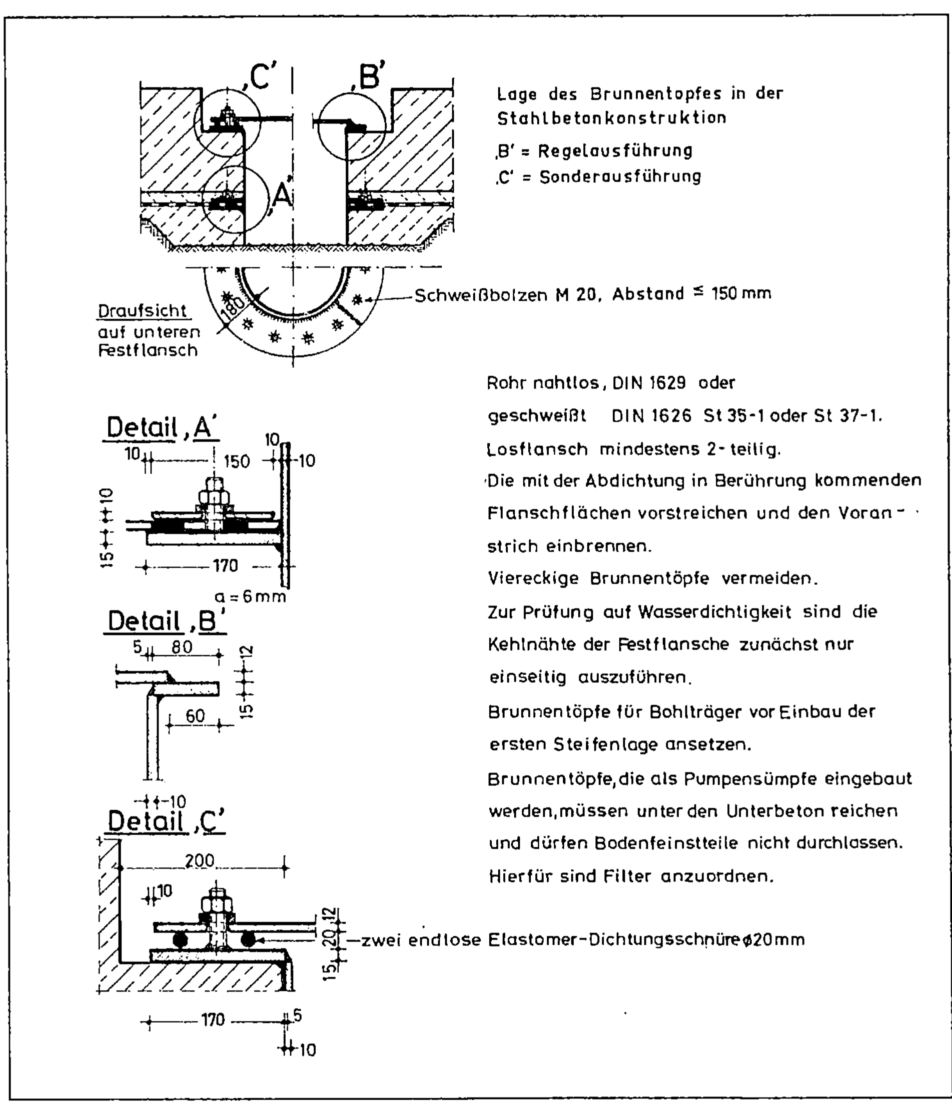

Bild 3.1   Brunnentopf (aus [10])

Je nach Baugrundverhältnissen arbeiten die Brunnen als vollkommene oder unvollkommene Brunnen. Vollkommene Brunnen binden in eine praktisch wasserundurchlässige Schicht ein und werden daher nur horizontal angeströmt. Bei unvollkommenen Brunnen muß auch der Wasserzutritt von unten berücksichtigt werden (Bild 3.2).

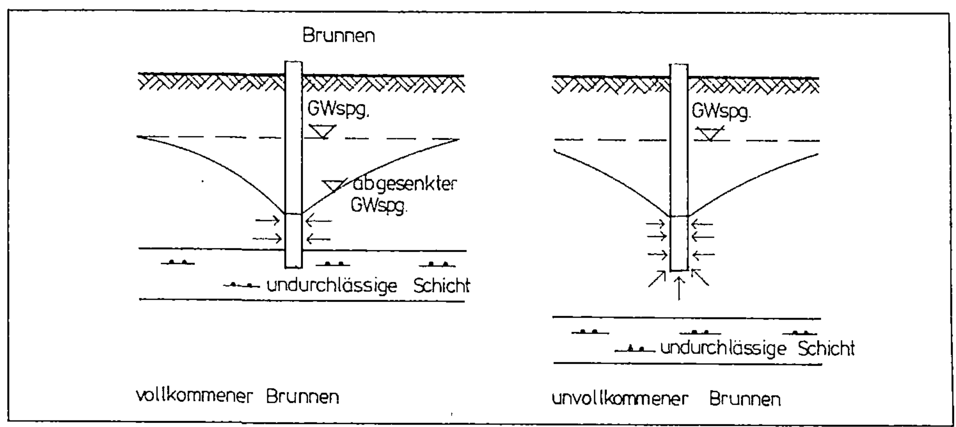

Bild 3.2   Zustrom zu vollkommenem und unvollkommenem Brunnen

Die Brunnen werden vor Beginn des Aushubs abgeteuft. Die Dimensionierung einer GW-Absenkungsanlage erstreckt sich auf die Festlegung der

- Anzahl der Brunnen
- Brunnendurchmesser
- Brunnentiefe
- erforderlichen Pumpen
- Abmessungen von Rohrleitungen.

Beachtet werden muß, daß Pumpen und Rohrleitungen nicht für den stationären Zustand nach Einstellen eines Absenktrichters bemessen werden dürfen, sondern daß für das Abpumpen des Absenktrichters in relativ kurzer Zeit eine wesentlich höhere Förderleistung zur Verfügung stehen muß.

Insbesondere bei langdauernden Absenkungen muß der Gefahr der Korrosion und der Verockerung begegnet werden. Hierzu ist es erforderlich, den Chemismus des Grundwassers zu untersuchen.

Bei aggressivem Grundwasser besteht die Gefahr, daß Stahlfilterrohre, besonders wenn sie mit Messingtresse abgedeckt sind, korrodieren. Durch die Wahl geeigneter Materialien kann die Korrosion verhindert werden.

Die Verockerung von Filterrohren entsteht durch Ausfällungen von
im Wasser gelösten Eisenverbindungen, die Krusten in den Filter-
öffnungen bilden. In Einzelfällen lassen sich diese Krusten durch
Rückspülen beseitigen. Als Vorbeugungsmaßnahme gilt bei zur
Verockerung neigenden Wässern eine Überbemessung des Filters und
langsames Absenken [31].

Bei Schwerkraftentwässerungsanlagen wird zwischen Flachbrunnenanlagen, bei denen im Brunnen ein Saugrohr hängt und das Wasser
über Kreiselpumpen und gemeinsame Saugleitungen gefördert wird,
und Tiefbrunnenanlagen, bei denen in jedem Brunnen eine Tauchpumpe
hängt, unterschieden.

3.1.2 Erforderliche Stoffe und Materialien

Für die Schwerkraftentwässerung werden Brunnenrohre, Filterrohre,
Filtermaterialien und Rohrleitungen verwendet.

Grundsätzlich sind Brunnen mit und ohne mineralische Filterschicht
aus Sand oder Kies zu unterscheiden.

Die Wahl des Filtermaterials richtet sich nach den anstehenden Bodenarten. Bei feinkörnigen Böden ist eine Filterkiesschicht, die
z.B. nach den Filterregeln von Terzaghi (Kap. 2.2) aufgebaut ist,
erforderlich. Diese Filterkiesschicht kann entweder im Ringraum
zwischen der Bohrlochwandung und dem Filterrohr in einer Mächtigkeit von ca. 10 - 15 cm Dicke geschüttet werden (Bild 3.3), oder
sie ist bereits fabrikmäßig auf das Filterrohr aufgebracht.

Die Stahl- oder Kunststoffrohre haben runde oder schlitzförmige
Öffnungen, durch die das Wasser eintreten kann. Um das Einspülen
von Feinstteilen zu verhindern, sind die Öffnungen durch ein Fil-
tergewebe abgedeckt, das aus einem grobmaschigen Untergewebe
(Untertresse) und einem feinmaschigen Gewebe (Tresse) besteht. Als
Material wird hierfür verzinktes Kupfer oder Messing verwendet.
Die Filterstrecke, auf der das Wasser eintreten kann, liegt bei 3
bis 6 m.

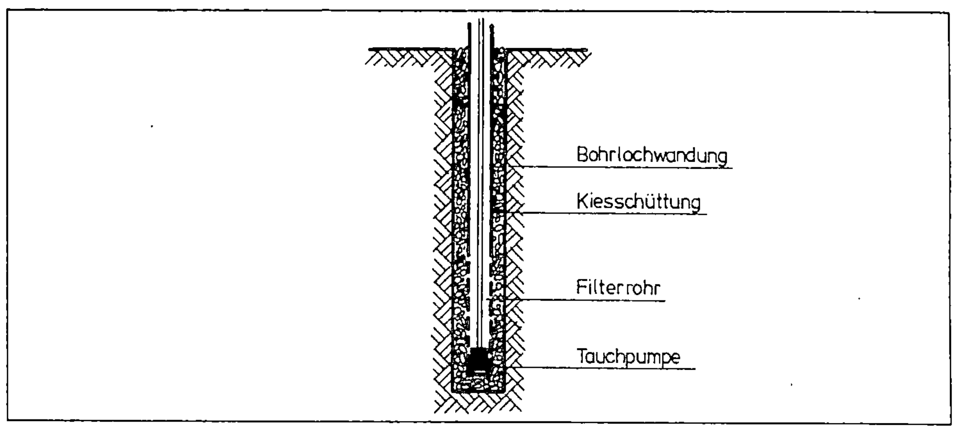

Bild 3.3   Brunnen mit Kiesschüttung

Oberhalb der Filterstrecke werden Aufsatzrohre aus Stahl oder Kunststoff montiert (Bild 3.4).

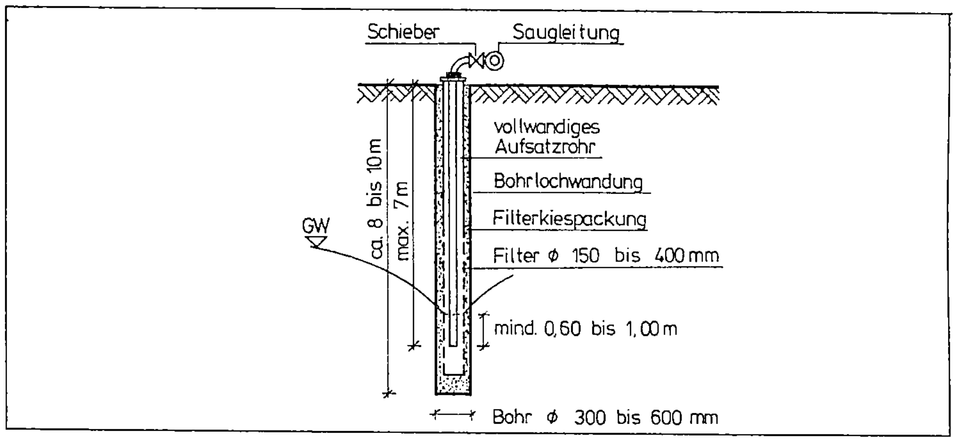

Bild 3.4   Filterstrecke und Aufsatzrohr

Bei den sogenannten Wellpoint-Anlagen (Punktbrunnen) werden Brunnenrohre mit 2 - 4 Zoll Durchmesser verwendet, deren untere Enden auf 1 bis 2 m Länge als Filterstrecke ausgebildet sind. Die Rohre werden eingespült, eine Kiesschüttung wird nicht eingebracht.

Die Rohrleitungen der Schwerkraftentwässerungsanlagen bestehen entweder aus Schnellkupplungsrohren oder Rohren mit Losflanschen, wobei hier insbesondere bei Saugleitungen großer Wert auf die Dichtigkeit der Verbindungen gelegt werden muß.

3.1.3 Geräte und Verfahren

Bei den Absenkanlagen für Schwerkraftentwässerung wird zwischen folgenden Verfahren unterschieden:

- Flachbrunnenanlagen
- Tiefbrunnenanlagen
- Punktbrunnenanlagen (Wellpointanlagen)

Flachbrunnenanlagen bestehen aus Brunnen, die im Bohrverfahren abgeteuft werden, und Saugleitungen und Pumpen, die an der Geländeoberfläche aufgestellt werden.

Zum Herstellen der Brunnen wird eine Verrohrung niedergebracht, ein Filterrohr mit einer Saugleitung eingestellt, der Ringraum zwischen Filterrohr und Bohrrohr mit Filterkies ausgefüllt und die Verrohrung wieder gezogen.

Die Filterrohre haben Durchmesser von 150 - 400 mm, die erforderlichen Bohrdurchmesser liegen zwischen 300 - 600 mm.

Das Wasser wird entweder durch Kreiselpumpen oder Membranpumpen über eine Sammelleitung angesaugt, an die mehrere Brunnen angeschlossen sind. Um bei Störungen keinen Ausfall der gesamten Leitung zu bekommen, empfiehlt sich die Anordnung eines Schiebers für jeden einzelnen Brunnen.

Häufigste Pumpenart ist die Kreiselpumpe mit horizontaler Welle. Der erforderliche Unterdruck zum Ansaugen und der Überdruck zum Fördern der Flüssigkeit werden durch ein schnelldrehendes Laufrad erzeugt, durch das die Flüssigkeit strömt und nach außen geschleudert wird, wobei sich die Strömungsgeschwindigkeit sehr vergrößert und bewirkt, daß im Innenraum der Pumpe ein Unterdruck entsteht, durch den ständig Flüssigkeit in den Pumpenraum gesaugt wird [38]. Die aus dem Laufrad austretende Flüssigkeit strömt ins Spiralgehäuse, wo die Geschwindigkeitsenergie in Druckenergie umgewandelt wird.

Ein Nachteil der Kreiselpumpen ist die geringe Saughöhe, die maximal ca. 7 m beträgt. Da der Wasserspiegel im Brunnen wesentlich tiefer liegen muß als im Bereich der Baugrubensohle, sind die Absenktiefen auf ca. 4 m begrenzt (Bild 3.5).

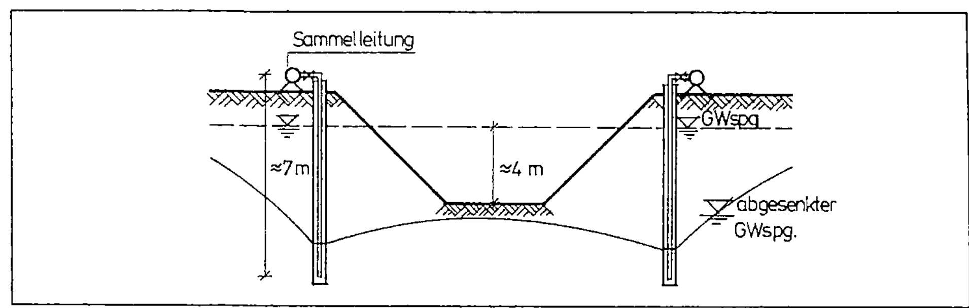

Bild 3.5   Absenktiefe bei Kreiselpumpen

Soll mit Kreiselpumpen eine größere Absenkung erreicht werden, müssen die Anlagen mehrfach gestaffelt werden (Bild 3.6).

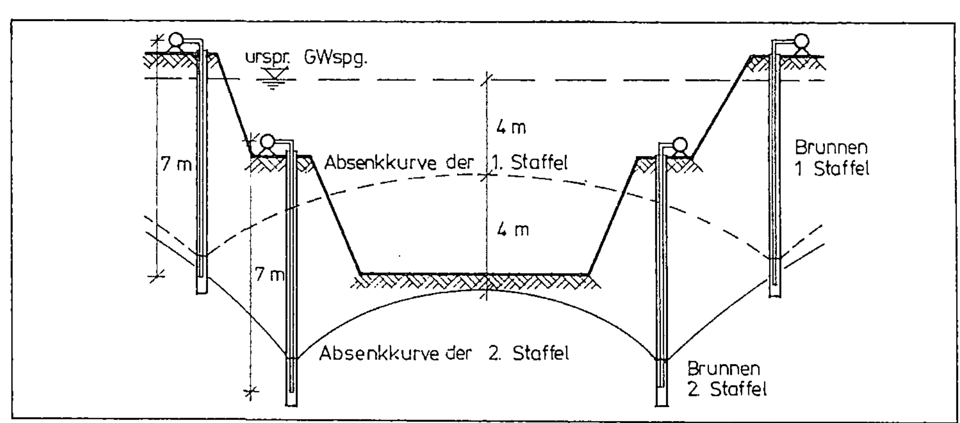

Bild 3.6   Gestaffelte Flachbrunnenanlage

Im Schutz der Grundwasserabsenkung der 1. Staffel wird bis ca. 50 cm über den Scheitel der Absenkkurve im Trockenen ausgehoben. Von diesem Zwischenaushubniveau aus wird die 2. Staffel Brunnen hergestellt und in Betrieb genommen, so daß dann ca. 4 m weiter ausgehoben werden kann. Da die zweite Staffel der ersten Staffel das Wasser teilweise oder ganz entzieht, kann die erste Staffel meist abgeschaltet werden. Ist eine noch größere Aushubtiefe erforderlich, so müssen noch mehr Staffeln nachgeordnet werden. Die Einrichtung einer mehrstaffeligen Anlage bringt für den Bauablauf große Nachteile mit sich:

- Der Platzbedarf und die Aushubmassen der Baugrube vergrößern sich durch die für das Aufstellen der Pumpen und Saugleitungen erforderlichen Bermen.
- Die Bauzeit wird verlängert, da nach Erreichen des Zwischenaushubniveaus die Brunnen für den nächsten Abschnitt hergestellt werden müssen, und die Absenkanlage installiert werden muß. Erst nach Abpumpen des Absenktrichters kann dann der Aushub fortgesetzt werden.

Auch Membranpumpen, die in ihrer Wirkungsweise Kolbenpumpen entsprechen, haben eine Saughöhe von ca. 7 m [21]. Sie sind auch unter der Bezeichnung Diaphragma-Pumpen bekannt. Die Funktion des Kolbens wird durch eine hin- und herbewegte Membrane aus Leder, Gummi oder Kunststoff übernommen. Ihre Vorteile liegen in der robusten Bauweise, geringen Störanfälligkeit und Unempfindlichkeit gegenüber Schmutzwasser und Schlamm.

Allgemein haben Flachbrunnenanlagen folgende Vorteile:

- Die Herstellung der Brunnen kann wegen der geringen Durchmesser und der geringen Tiefe (max. 8 - 10 m) sehr rasch erfolgen.
- Die Anlagen sind flexibel und damit anpassungsfähig an unerwartete Untergrundverhältnisse.

Ihre Nachteile liegen in der begrenzten Absenktiefe und den empfindlichen Saugleitungen, was bei Beschädigung oder Undichtigkeiten zum Ausfall der gesamten Anlage führen kann.

Bei Tiefbrunnenanlagen wird in jedem Brunnen eine Unterwasserpumpe eingebaut, die das Wasser hochdrückt (Bild 3.7). Die Förderhöhe

der Pumpen ist praktisch unbegrenzt. In der Anlage werden nur
Druckleitungen verwendet, so daß das Leitungssystem gegen Undichtigkeiten kaum anfällig ist. Beim Ausfall einer Pumpe fällt nur
ein Brunnen und nicht die gesamte Anlage aus.

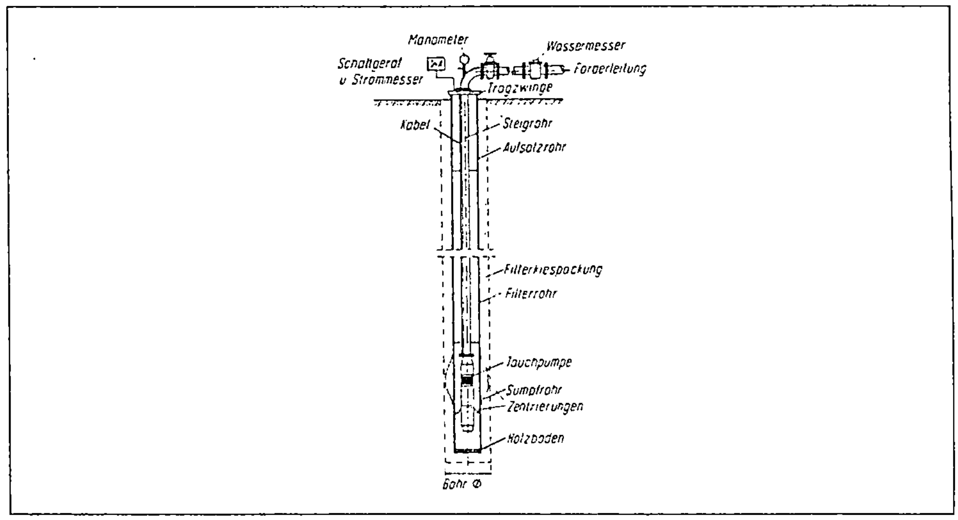

Bild 3.7   Tiefbrunnen (aus [31])

Ein weiterer Vorteil von Tiefbrunnenanlagen besteht darin, daß
sich beliebig viele Brunnen nachträglich in die Anlage mit einbe-
ziehen lassen, wenn sich herausstellt, daß mit den zunächst in-
stallierten Brunnen das geforderte Absenkziel nicht erreicht werden kann.

Tiefbrunnen werden i.a. als Kiesschüttungsbrunnen mit Filterdurchmessern von 350 bis 1.250 mm ausgeführt. Die zugehörigen Bohrdurchmesser betragen ca. 500 bis 1.500 mm. Der größere Bohrdurchmesser gegenüber Flachbrunnen ist u.a. durch den Durchmesser der
Unterwassertauchpumpen bedingt, die in das Filterrohr eingehängt
werden müssen.

Unterwassertauchpumpen werden elektrisch betrieben und bestehen
i.a. aus Kreiselpumpen mit vertikaler Welle. Üblicherweise wird
das wartungsfreie Aggregat an der Steigleitung aufgehängt.

Punktbrunnenanlagen (Wellpointanlagen) sind Flachbrunnenanlagen einfacher Bauart, bei denen das Filterrohr gleichzeitig als Saugrohr dient. Die Filterrohre haben einen Durchmesser von 2 bis 4 Zoll und werden in den Boden eingespült. Am Fuß des Brunnenrohres ist dafür ein Ventil angebracht, das sich öffnet, wenn Wasser unter Druck mit einer Spülpumpe in das Brunnenrohr eingepreßt wird. Das Rohr sinkt mit Hilfe des Spülstromes ab, so daß der Einbau sehr schnell erfolgen kann. Die Brunnenrohre sind auf den unteren 1 bis 2 m als Filterrohre ausgebildet; Filterschüttungen sind selten. Bei Filterrohren mit engen Schlitzweiten sind auch keine Gewebefilter erforderlich.

Wegen des geringen Einzugsbereichs ist ein enger Brunnenabstand von 1,25 m bis 2,5 m erforderlich. Die Filterbrunnen werden gruppenweise an einem Strang zusammengeschlossen. Es lassen sich Absenktiefen von ca. 4 - 6 m erreichen. Bei tieferen Absenkungen müssen mehrstaffelige Anlagen eingebaut werden. Bild 3.8 zeigt den Einbau einer Spüllanze und Bild 3.9 die Anordnung bei einer langgestreckten Baugrube.

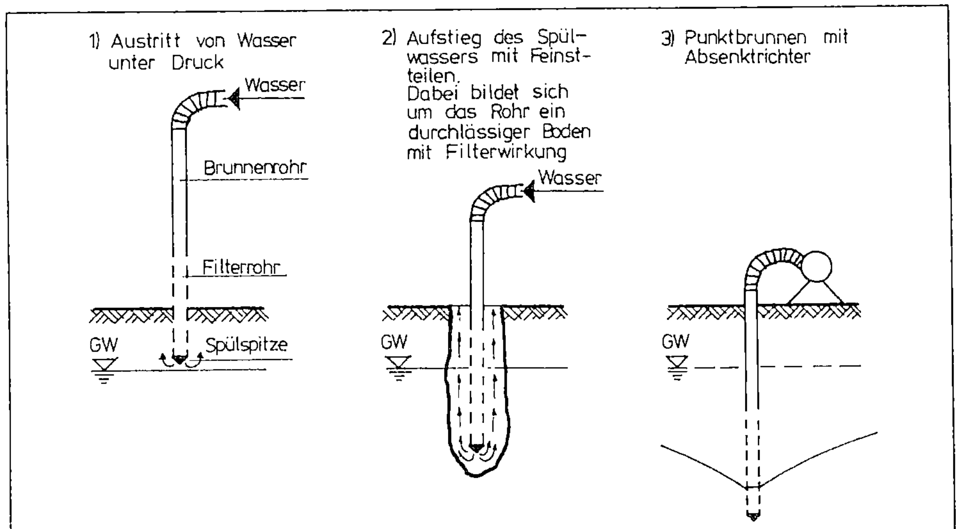

Bild 3.8   Einbau eines Punktbrunnens

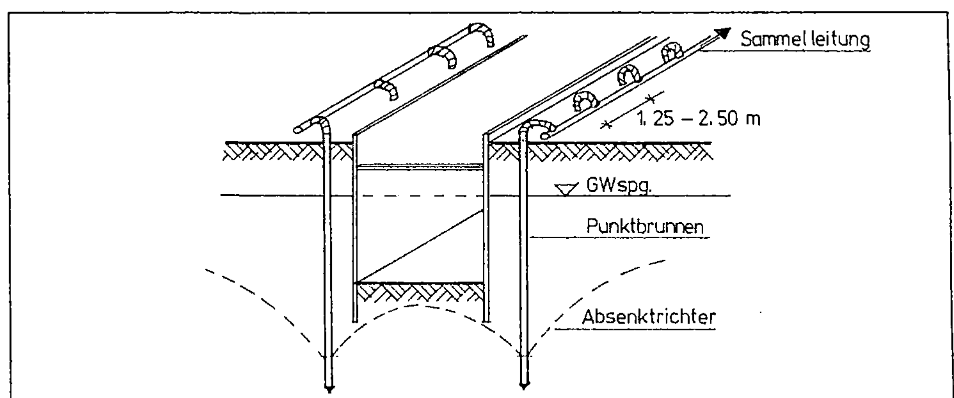

Bild 3.9   Anordnung von Punktbrunnen

Beim Einspülen wird je nach anstehendem Boden eines der im folgenden genannten Verfahren verwendet [27] (Bild 3.10).

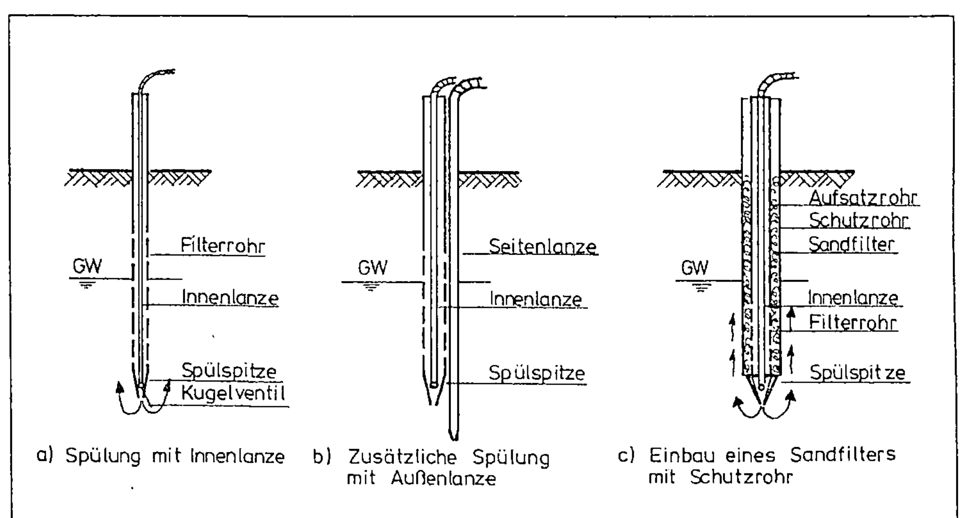

Bild 3.10   Einbauverfahren für Spülfilter

a) Einspülen direkt über Aufsatzrohre und Filter durch eine Innenlanze, die in die Spülspitze führt.

b) Bei wasseraufnahmefähigen Böden reicht die Wassermenge, die durch das Aufsatzrohr eingespült werden kann, oft nicht aus. In diesen Fällen kann zusätzlich Wasser über eine seitlich angeordnete Lanze eingebracht werden. Über eine weitere Lanze läßt sich in besonderen Fällen auch noch Druckluft als Einbringhilfe zugeben.

c) Bei bindigen Böden oder eingeschlossenen bindigen Schichten muß eine Sandschüttung mit einem Schutzrohr eingebracht werden, das wieder gezogen wird.

d) Die vorgenannten Verfahren können bei grobkörnigen Böden versagen. In diesen Fällen empfiehlt sich das Ramm-Spülverfahren, bei dem über ein Innenrohr Wasser und Druckluft als Spülhilfe eingesetzt wird. Der gelöste Boden wird zwischen dem Innenrohr und einem äußeren Mantelrohr nach oben gespült. Läßt sich das Innenrohr nicht weiter absenken, wird das Mantelrohr durch ein Fallgewicht nach unten getrieben, so daß sich auch das Innenrohr weiter bewegen läßt.

Der Absenkerfolg einer Wellpoint-Anlage hängt wesentlich vom richtigen Einspülen der Filter ab. Tafel 3.1 gibt einen Überblick über übliche Wassermengen und Drücke zum Einspülen von Filtern.

Tafel 3.1   Übersicht über Wassermenge und Druck der Spülpumpe bei verschiedenen Böden (aus [27])

Richtwerte über Wassermenge u. Druck zum Einspülen von Filtern											
Bodenarten		Ton	Schluff			Sand			Kies		
			fein	mittel	grob	fein	mittel	grob	fein	mittel	grob
weich bzw. locker gelagert	m^3/h	10	10	15	20	30	40	50	80 - 100		
	atü	3 - 4	3 - 4			4 - 5			5 - 6		
hart bzw. fest gelagert	m^3/h	10	10	15	20	30	40	50	80 - 100		
	atü	8 - 12	5 - 6			8 - 10			6 - 8		

Bei mehrschichtigen Böden und hohem Wasserandrang verwendet man Spüllanzen, bei denen die Filterstrecke nicht nur auf den unteren 1 - 2 m angeordnet ist, sondern die durchgängig als Filter ausgebildet sind (System OTO-Filter).

Die Filter haben eine etwa 10 mal größere Durchlässigkeit als übliche Spüllanzen. Sie bestehen aus Plastik und werden als Rollenware geliefert. Auf der Baustelle können sie mit einfachen Werkzeugen (Messer oder Säge) abgelängt werden. Das Filterrohr ist mit Gaze überzogen (Bild 3.11).

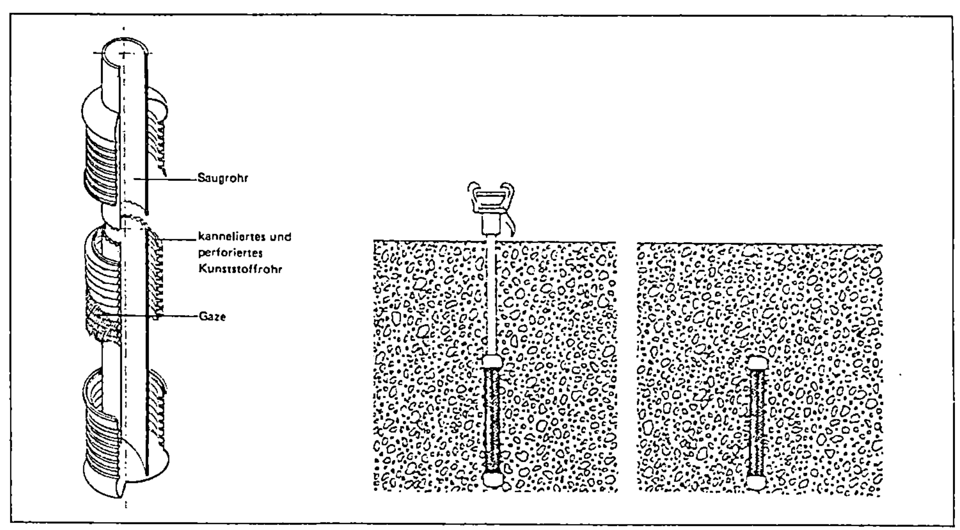

Bild 3.11   OTO-Filter (aus [4])

In das Filterrohr, Durchmesser 50 - 80 mm, wird ein Saugrohr eingehängt, das ebenfalls als Rollenware angeliefert wird. Es besteht
aus PE-Kunststoff und wird nach Abschluß der Absenkmaßnahme wieder
gezogen, während das Filterstück im Boden verbleibt.

3.1.4 Leistung und Kosten

Die Leistung und die Kosten beim Herstellen und Betreiben einer
Schwerkraftentwässerung werden im wesentlichen von folgenden Parametern bestimmt:

-    Größe der Baugrube
-    Tiefenlage des Grundwasserspiegels und des gewünschten Ab-
     senkziels
-    Durchlässigkeit des Bodens
-    Dauer der Wasserhaltung
-    Entfernung zum Vorfluter
-    Einleitungsgebühren

Als Beispiel wird eine 9 m tiefe Baugrube mit einer Fläche von
150 m x 75 m gewählt. Der anstehende Boden ist Sand mit einem k-
Wert von 5×10^{-4} m/s. Das Absenkmaß beträgt 4,5 m. (GW-Spiegel

5,5 m unter Gelände, Baugrubensohle 9 m unter Gelände, Sicherheitszuschlag 1 m.) Ein undurchlässiger Horizont liegt in 20,5 m unter Gelände. Die Brunnen reichen bis 21 m unter Gelände.

Gewählte Brunnenanzahl   : 15 Stück
Gewählte Brunnendurchmesser   : 700 mm
Zufluß zum einzelnen Brunnen   : ca. 10 l/s
(aus einer Überschlagsrechnung)

Die Berechnung der Kosten erfolgt getrennt nach Herstellung (bzw. Rückbau) und Unterhaltung der Anlage.

Für die Herstellung und den Rückbau der Anlage sind die folgenden Einzelleistungen zu erbringen:

a)   Bohren der Brunnen (Durchmesser 700 mm)
b)   Ausbau der Bohrungen mit Filtergarnitur, Einbau der Kies-
      schüttungen
c)   Einbau der Unterwasserpumpen
d)   Verlegen von Stich- und Sammelleitungen (NW 125 - 400 mm)
e)   Aufbau der zentralen Schaltstation
f)   Ausbau der Unterwasserpumpen
g)   Abbau der Stich- und Sammelleitungen
h)   Abbau der zentralen Schaltstation

zu a) und b) Bohren der Brunnen

Die Brunnen werden von einer 3 Mann starken Kolonne hergestellt. Als Geräte ist ein Bohrgerät mit Zubehör (Verrohrung, Bohrgreifer u.ä.) erforderlich.

$$\text{Leistungswert des Bohrgerätes: } \frac{3,3 \text{ m}}{\text{h}}$$

Aufwandswert   1
für das Bohren: ——————— x 3 Arbeitskräfte = 0,9 h/m
                        3,3 m/h

Aufwandswert für den
Ausbau der Bohrung :   0,3 h/m

Auch während des Ausbaus der Bohrung ist das Bohrgerät erforderlich.

$$\text{Einsatzzeit} \quad : \quad 0,3 \; \frac{h}{m} \; - \; x \; \frac{1}{3 \text{ Arbeitskräfte}} = 0,1 \text{ h/m}$$

Die Abfuhr des Bohrgutes kostet ca. 25 DM/m^3, pro Bohrung (21 m
tief) werden ca. 5 m^3 Kies zu 90 DM/m^3 benötigt. Die Filter- bzw.
Vollrohre (Durchmesser 300 mm) kosten ca. 100 DM/m.

In Tafel 3.2 sind die Gerätekosten, in Tafel 3.3 die Einzelkosten
der Teilleistungen zusammengestellt.

zu c) und f) Ein- und Ausbau der Unterwasserpumpen

Der Einbau der Unterwasserpumpen (Förderleistung ca. 50 m^3/h, Förderhöhe ca. 22 m, Leistung 6 kW) und der zugehörigen Drucksteige-
leitung (NW 125) einschließlich aller Armaturen und Formstücke
wird von einer 3 Mann starken Kolonne mit Hilfe eines Seilbaggers
durchgeführt.

Aufwandswert je Brunnen: 10 h

Erforderliche Einsatz-   10 h
zeit des Baggers   : ——————————————— = 3,3 h
                             3 Arbeitskräfte

Für den Ausbau der Pumpe wird eine Kolonne von 2 Mann eingesetzt

Aufwandswert je Brunnen: 3 h

Erforderliche Einsatz-   3 h
zeit des Baggers   : ——————————————— = 1,5 h
                             2 Arbeitskräfte

Tafel 3.4 zeigt die Gerätekosten je Brunnen, Tafel 3.5 die Einzelkosten für den Ein- und Ausbau der Pumpen.

Tafel 3.2   Ermittlung der Vorhalte- und Betriebskosten der Geräte je m Bohrung

Bezeichnung	Neuwert DM	Abschreibung + Verzinsung je Monat %		Reparatur je Monat %	DM	Reparatur je Monat einschl. Lohnfaktor DM
		%	DM	%	DM	
Bohrgerät (132 kW) mit Zubehör	680.000	2,8	19.040	2,1	14.280	21.519,96

Gerätevorhaltekosten / Monat				

Gerätekosten / m Bohrung	Betriebsstoffe DM/m	Vorhaltekosten DM/m
$\dfrac{40.559,96\ \text{DM/Mon}}{175\ \text{h/Mon}} \times \left[\dfrac{1}{3,3\ \text{m/h}} + 0,1\ \dfrac{\text{h}}{\text{m}} \right]$		92,71
Betriebsstoffe $132\ \text{kW} \times 0,2\ \dfrac{1}{\text{kWh}} \times 1\ \dfrac{\text{DM}}{1} \times 0,4\ \dfrac{\text{h}}{\text{m}}$	10,56	
Schmierstoffe $0,2 \times 10,56$	2,11	
Summe **105,38 DM/m**	**12,67**	**92,71**

Tafel 3.3   Ermittlung der Einzelkosten je m Bohrung

Ermittlung der Einzelkosten pro m Bohrung	Lohn-stunden h/m	Lohn DM/m	Sonstige Kosten DM/m	Geräte DM/m
1.Lohn 44,02 DM/h Bohren Ausbau der Bohrung	0,90 0,30			
2.Material Bohrgutabfuhr $\dfrac{\pi \times 0,7^2 \text{ m}^2}{4} \times 1 \dfrac{\text{m}}{\text{m}} \times 25 \dfrac{\text{DM}}{\text{m}^3}$ Kies $\dfrac{5 \text{ m}^3}{21 \text{ m}} \times 90 \dfrac{\text{DM}}{\text{m}^3}$ Filter- bzw. Vollrohr (ϕ 300 mm)			9,62 21,43 100,00	
3.Gerät				105,38
Summe 289,25 DM/m	1,20	52,82	131,05	105,38

Tafel 3.4   Vorhalte- und Betriebskosten der Geräte je Brunnen

Bezeichnung	Neuwert DM	Abschreibung + Verzinsung je Monat %	DM	Reparatur je Monat %	DM	Reparatur je Monat einschl. Lohnfaktor DM
Seilbagger (35 kW)	117.000	1,9	2.223	1,4	1.638	2.468,47
Gerätevorhaltekosten / Monat						

Gerätekosten für Ein- und Ausbau der Pumpen je Brunnen	Betriebsstoffe DM/Brunnen	Vorhaltekosten DM/Brunnen
$\dfrac{4.691,47 \text{ DM/Mon}}{175 \text{ h/Mon}}$ (3,3 h + 1,5 h)		128,68
Betriebsstoffe (Auslastung 30%) $35 \text{ kW} \times \dfrac{0,21}{\text{kWh}} \times 1 \dfrac{\text{DM}}{\text{l}} \times 4,8 \text{ h} \times 0,3$	10,08	
Schmierstoffe 0,2 x 10,08	2,02	
Summe 140,78 DM/Brunnen	12,10	128,68

Tafel 3.5   Kosten für Ein- und Ausbau der Pumpen, Steigleitung
            u.s.w. je Brunnen

Ermittlung der Einzelkosten der Teilleistungen je Brunnen	Lohn-stunden h	Lohn DM	Sonstige Kosten DM	Geräte DM
1.Lohn 44,02 DM/h 　Einbau ⎤ 　　　　⎦ der Pumpen, Steigleitung 　Ausbau ⎦	10 3			
2.Material 　Die Kosten der Pumpe und der Steig- 　leitung werden in die Vorhaltekosten 　der gesamten Anlage eingerechnet				
3.Geräte				140,78
Summe　　　713,04 DM	**13**	**572,26**		**140,78**

zu d) und g) Verlegen und Abbau der Stich- und Sammelleitungen

Für das Verlegen und das Abbauen der oberirdischen Stich- und Sammelleitungen (NW 125 - 400) wird eine Kolonne von 2 Mann eingesetzt, die einen Seilbagger benötigt.

Aufwandswerte für das
Verlegen   : 0,7 h/m

$$\text{Erforderliche Einsatzzeit des Seilbaggers} : 0,7 \frac{h}{m} - x \frac{1}{2 \text{ Arbeitskräfte}} = 0,35 \text{ h/m}$$

Aufwandswerte für den
Abbau   : 0,35 h/m

$$\text{Erforderliche Einsatzzeit des Seilbaggers} : 0,35 \frac{h}{m} - x \frac{1}{2 \text{ Arbeitskräfte}} = 0,175 \text{ h/m}$$

In Tafel 3.6 sind die Gerätekosten, in Tafel 3.7 die Einzelko-
sten/m für Auf- und Abbau der Stich- und Sammelleitungen
dargestellt.

Tafel 3.6   Vorhalte- und Betriebskosten der Geräte je m Stich- und Sammelleitung

Bezeichnung	Neuwert DM	Abschreibung + Verzinsung je Monat %		Reparatur je Monat %	DM	Reparatur je Monat einschl. Lohnfaktor DM
Seilbagger (35 kW)	117.000	1,9	2.223	1,4	1.638	2.468,47

Gerätevorhaltekosten / Monat			

Gerätekosten je m Stich- und Sammelleitung	Betriebsstoffe DM/m	Vorhaltekosten DM/m
$\dfrac{4.691,47 \text{ DM/Mon}}{175 \text{ h/Mon}} \times \left(0,35 \ \dfrac{h}{m} + 0,175 \ \dfrac{h}{m}\right)$		14,07
Betriebsstoffe $35 \text{ kW} \times \dfrac{0,2 \ l}{kWh} \times 1 \ \dfrac{DM}{l} \times 0,525 \ \dfrac{h}{m}$	3,68	
Schmierstoffe 0,2 x 3,68	0,74	
Summe 18,49 DM/m	**4,42**	**14,07**

Tafel 3.7   Ermittlung der Einzelkosten für Verlegen und Abbau je m Stich- und Sammelleitung

Ermittlung der Einzelkosten der Teilleistungen / m	Lohn- stunden h/m	Lohn DM/m	Sonstige Kosten DM/m	Geräte DM/m

1.Lohn 44,02 DM/h
  Verlegen
  Abbau
	0,70
	0,35			

2.Material Die Kosten für die Rohrleitungen werden in die Vorhaltekosten der gesamten Anlage eingerechnet				
3.Geräte				18,49
Summe 64,71 DM/m	**1,05**	**46,22**		**18,49**

zu e) und h)   Auf- und Abbau der zentralen Schaltstation

Für den Auf- und Abbau der zentralen Schaltstation werden 250 h benötigt.

Die Vorhalte- und Betriebskosten der Anlage setzen sich aus folgenden Anteilen zusammen:

Vorhaltekosten:

Pumpe (6 kW)	: 11 DM/Tag (einschl. Kabelanteil)
Rohrleitung (NW 125 - 400)	: 0,12 DM/Tag
Zentrale Schalt- und Überwachungsstation	: 45 DM/Tag
Notstromaggregat (125 kVA)	: 100 DM/Tag

Betriebskosten:

Strom
(je Pumpe)

$$: 6 \text{ kW} \times \frac{24 \text{ h}}{\text{Tag}} \times 0,35 \frac{\text{DM}}{\text{kWh}} = 50,40 \text{ DM/Tag}$$

Warten und Betreiben
der Anlage durch
einen Maschinisten

$$: \frac{12 \text{ h}}{\text{Tag}} \times 44,02 \frac{\text{DM}}{\text{h}} = 528,24 \text{ DM/Tag}$$

Einleitungsgebühren   : $2,00 \text{ DM/m}^3$

(Die anfallende Wassermenge bei dieser Anlage beträgt je Brunnen $10 \text{ l/s} = 36 \text{ m}^3/\text{h}$)

In Tafel 3.8 sind die Gesamtkosten der Anlage für eine Betriebszeit von 9 Monaten zusammengestellt.

Tafel 3.8   Zusammenstellung der Gesamtkosten der Anlage

Gesamtkosten der Anlage (Betriebszeit 9 Monate = 270 Tage)	Kosten DM

A.Herstellung
  a) und b) Herstellen der Brunnen
     21m x 15 x 289,25 DM/m
	91.113,75

c) und f) Ein- und Ausbau der Pumpen 713,04 DM x 15	10.695,60

d) und g) Verlegen und Abbau oberirdischer
     Stich- und Sammelleitungen ca.500 m
     64,71 DM/m x 500 m
	32.355,00

e) und h) Auf- und Abbau der zentralen Schalt- station 250 h x 44,02 DM/h	11.005,00
B.Vorhaltung Pumpen 15 x 11 DM/Tag x 270 Tage	44.550,00
Rohrleitung $(500\text{m} + 15 \times 21\text{m}) \times 0,12 \ \dfrac{\text{DM}}{\text{Tag}} \times 270 \ \text{Tage}$	26.406,00
Zentrale Schalt- und Überwachungsstation 45 DM/Tag x 270 Tage	12.150,00
Notstromaggregat 100 DM/Tag x 270 Tage	27.000,00
C.Betrieb Strom 50,40 DM/Tag x 15 x 270 Tage	204.120,00
Warten und Betreiben 528,24 DM/Tag x 270 Tage	142.624,80
Einleitungsgebühren $36 \ \dfrac{\text{m}^3}{\text{h}} \times 24 \ \dfrac{\text{h}}{\text{Tag}} \times 15 \times 270 \ \text{Tage} \times 2 \ \dfrac{\text{DM}}{\text{m}^3}$	6.998.400,00
Summe	**7.600.420,15**

3.1.5 Sicherheitstechnik

Schwerkraftentwässerungsanlagen bestehen aus senkrechten Brunnen, Rohrleitungen und Pumpen.

Vor Abteufen der Bohrungen sind Erkundigungen über die Lage eventuell vorhandener Versorgungsleitungen einzuziehen (UVV "Bauarbeiten" [40] und UVV "Erdbaumaschinen" [41]). Bohrlochwandungen müssen entweder standfest oder durch Verrohrung abgestützt sein.

Bohr- und Schutzrohre müssen gegen Abrutschen gesichert sein, z.B durch Rohrschellen, Auflagerkonsolen o.ä..

Bohrgut, Baustoffe, Geräte und dergleichen müssen vom Bohrlochrand so weit entfernt sein, daß sie nicht in die Bohrung hineinfallen können.

Wird in Bohrungen nicht gearbeitet, müssen die Bohrlöcher so abgedeckt sein, daß Personen nicht hineinstürzen können. Weitere Gefahren entstehen beim Betrieb der Bohrgeräte einschließlich des Zubehörs wie Greifer, Verrohrungsmaschinen o.ä.. Dabei sind stets sichere Aufstiege und Absturzsicherungen vorzusehen. Das Hantieren mit Bohrrohren ist insbesondere bei beengten Platzverhältnissen schwierig und für die Beschäftigten mit der Gefahr von Quetschungen u.s.w. verbunden.

Weiterhin wird auf die "Sicherheitsregeln für Arbeiten in Bohrungen" [39] verwiesen.

Beim Einhängen von Pumpen, Saugleitungen oder Druckleitungen mit Kranen sind die UVV "Krane" [42], die UVV "Lastaufnahmeeinrichtungen im Hebezeugbetrieb" [44], zu beachten und es ist zu prüfen, ob die Arbeiten im Bereich von elektrischen Freileitungen ausgeführt werden müssen.

Beim Herstellen von Leitungsgräben gelten die UVV "Bauarbeiten" [40] und die DIN 4124 (s.auch Kap. 2.5).

Wenn durch einen kurzfristigen Ausfall der Wasserhaltungsanlage die Standsicherheit einer Baugrube gefährdet wird (z.B. durch Wasserdruck auf die Verbauwand) oder ein größerer wirtschaftlicher Schaden (z.B. am entstehenden Bauwerk) zu befürchten ist, sind nach [5] folgende Einrichtungen zu schaffen:

a) zwei voneinander unabhängige Energiequellen, z.B. Anschluß an das öffentliche Netz und Notstromaggregat
b) Schalteinrichtungen für die Stromversorgung der Brunnen
c) automatische Umschaltung bei Ausfall einer Pumpe

d) optische und akustische Warnanlagen

e) Anzeigegerät zur Beurteilung der Pumpenleistung

Die Einrichtungen b) bis e) werden zweckmäßigerweise in einer Schalt - und Steuerzentrale zusammengefaßt, die rund um die Uhr besetzt sein muß.

Beim Ausbau der Pumpen und Leitungen ist die UVV "Schweißen, Schneiden und verwandte Arbeitsverfahren" [47] zu beachten.

3.2   Vakuumentwässerung
3.2.1   Technische Grundlagen

Wenn die Schwerkraft nicht ausreicht, um das Wasser den Brunnen zufließen zu lassen, ist für eine Grundwasserabsenkung der Aufbau eines Vakuums im Boden erforderlich, wodurch das Wasser zum Brunnen gesaugt wird. Das ist bei Feinsanden und Schluffen mit Durchlässigkeiten von 10^{-4} bis 10^{-5} m/s der Fall. Die durch das Vakuum erzielte Absenkkurve liegt tiefer als die Kurve für reine Schwerkraftentwässerung und ist wesentlich flacher.

Der erreichbare Unterdruck hängt von der waagerechten Durchlässigkeit des Bodens ab (Bild 3.12).

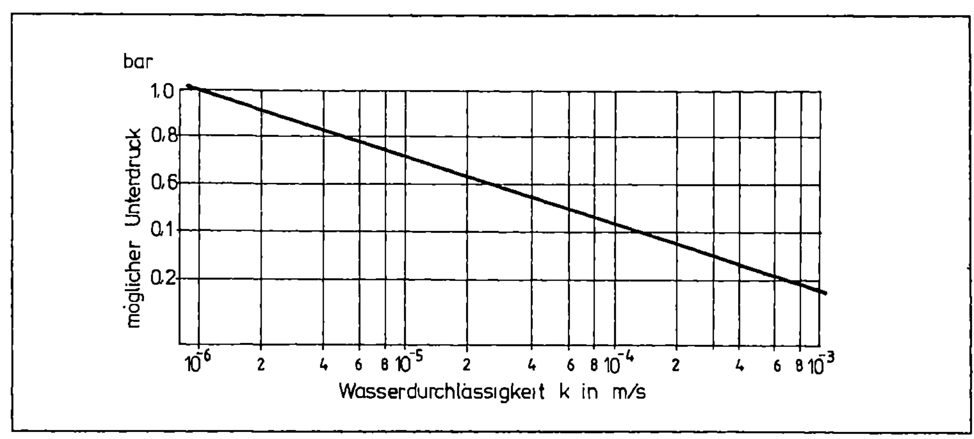

Bild 3.12   Abhängigkeit des maximal erreichbaren Unterdruckes vom Durchlässigkeitsbeiwert k (nach [22])

Allerdings ist dieser maximale Unterdruck nur zu erreichen, wenn
die vertikale Durchlässigkeit des Bodens im Verhältnis zur
horizontalen sehr gering ist und eine praktisch luftundurchlässige
Deckschicht vorhanden ist. Ist keine natürliche Deckschicht
vorhanden, kann man (insbesondere in Böschungsbereichen) durch
Spritzbeton oder Plastikfolien künstlich undurchlässige Schichten
schaffen (Bild 3.13).

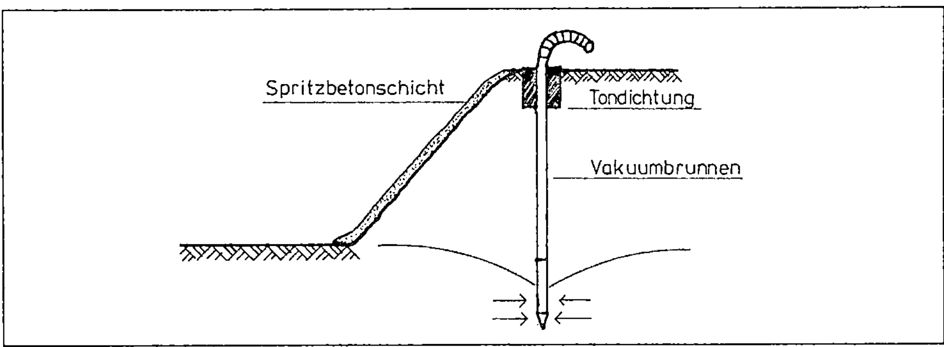

Bild 3.13   Künstliche Deckschicht bei einem Vakuumbrunnen

Generell gilt, daß für die einwandfreie Funktion einer Vakuuman-
lage das System aus Brunnen, Saugleitung und Pumpenanlage dicht
sein muß. Daher sind die Brunnen in der Nähe der Geländeoberkante
durch bindigen Boden abzudichten, damit keine Luftumläufigkeiten
stattfinden können.

Bei Vakuumentwässerungsanlagen wird - wie bei den Schwerkraftentwässerungsanlagen - zwischen Flachbrunnen und Tiefbrunnen unterschieden. Bei den Flachbrunnenanlagen wird durch eine Vakuumpumpe
das Wasser angesaugt und gehoben, während bei Tiefbrunnenanlagen
das Aufbringen des Vakuums im Boden und das Heben des Wassers
durch getrennte Einrichtungen erfolgt.

3.2.2 Erforderliche Stoffe und Materialien

Die Stoffe und Materialien unterscheiden sich nicht von denen, die
bei der Schwerkraftentwässerung benötigt werden. Auch hier werden
Brunnen mit und ohne mineralische Filterschicht eingesetzt.

Wegen des geringeren Wasseranfalls haben die Brunnenrohre bei Punktbrunnenanlagen nur 1,5 - 2 Zoll Durchmesser. Die Sammelleitungen bestehen aus Stahlrohren mit 150 - 250 mm Durchmesser. Einzelne Brunnenrohre sind mit der Sammelleitung über Plastikschläuche verbunden.

3.2.3 Geräte und Verfahren

Die Flachbrunnenanlagen entsprechen den Wellpoint-Anlagen, die bei der Schwerkraftentwässerung eingesetzt werden. Bauelemente und Herstellungsvorgang sind gleich. Es gilt das unter 3.1.3 Gesagte. Um zu verhindern, daß ein Abbau des Vakuums durch die Filterzone um das Brunnenrohr erfolgen kann, muß ein Abdichtungsring, der im Regelfall aus eingestampften Ton besteht, angeordnet werden (Bild 3.14).

Wegen der kleinen Reichweite können die Abstände der Spüllanzen nicht größer als 1,0 - 1,5 m sein. Die Filterbrunnen werden gruppenweise zu einem Strang zusammengeschlossen, wobei auf ca. 50 m Strang eine Vakuumpumpe kommt (Bild 3.15).

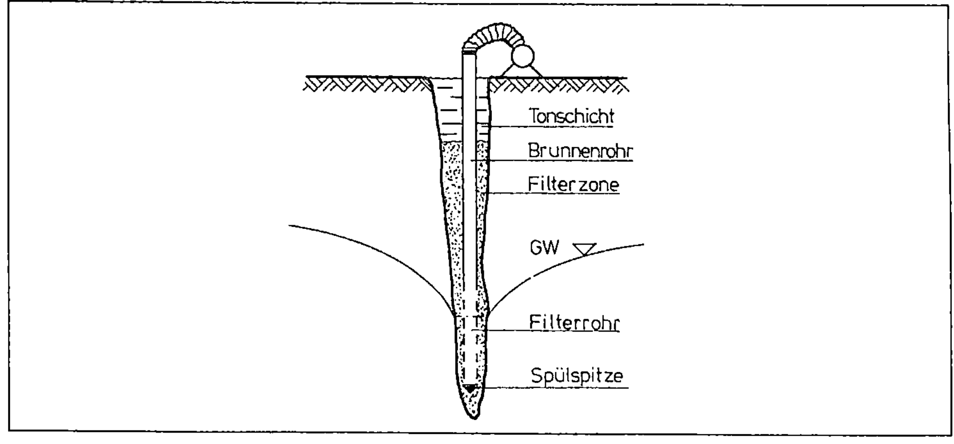

Bild 3.14   Aufbau eines Vakuumflachbrunnens

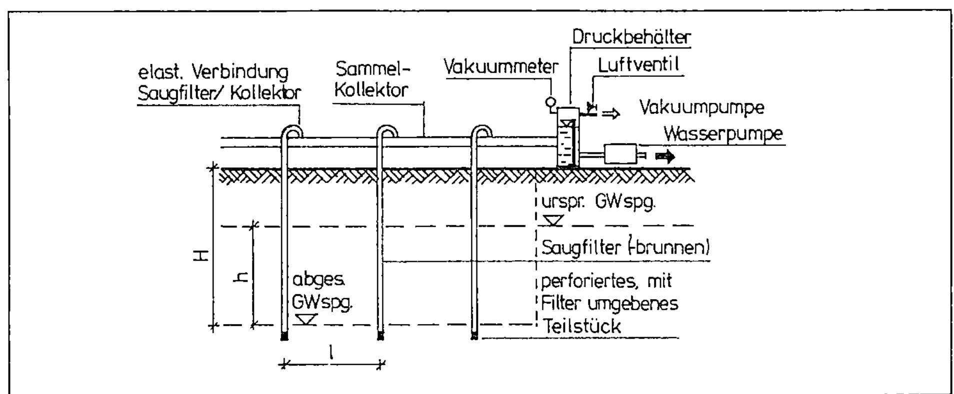

Bild 3.15   Schema einer Vakuumentwässerung (nach [12])

Im allgemeinen lassen sich mit einer Staffel Absenkungen von 4 bis
6 m erreichen. Bei tieferen Absenkungen wird ein mehrstaffeliger
Einbau der Anlage erforderlich.

Die Anlagen arbeiten wie reine Schwerkraftentwässerungsanlagen,
wenn die Durchlässigkeit k > 10^{-4} m/s wird, weil sich dann im Boden kein Unterdruck mehr aufbauen läßt.

Das Wasser wird mit Vakuum-Pumpen gefördert, die aus den Spülfil-
tern ein Wasser-Luft-Gemisch ansaugen. Das Gemisch gelangt in den
Vakuumkessel, in dem sich infolge des darin herrschenden Unter-
drucks die Luft vom Wasser trennt (Bild 3.15). Das Wasser wird mit
einer speziellen Pumpe weiterbefördert, die Luft wird durch eine
Luftpumpe abgesaugt. Bei neuzeitlichen Vakuumanlagen werden die
Pumpen automatisch gesteuert und schalten sich je nach Luft- und
Wasseranfall entsprechend zu und ab.

Bei größeren Absenktiefen werden - wenn der zeit-, platz- und ko-
stenintensive Einbau mehrerer Staffeln vermieden werden soll -
Tiefbrunnen angeordnet.

Bei Vakuumtiefbrunnen wird das Wasser nicht durch den Unterdruck
gehoben, sondern durch Tauchpumpen hochgedrückt, so daß der durch
Vakuumpumpen entstehende Unterdruck voll auf den Boden übertragen
werden kann (Bild 3.16).

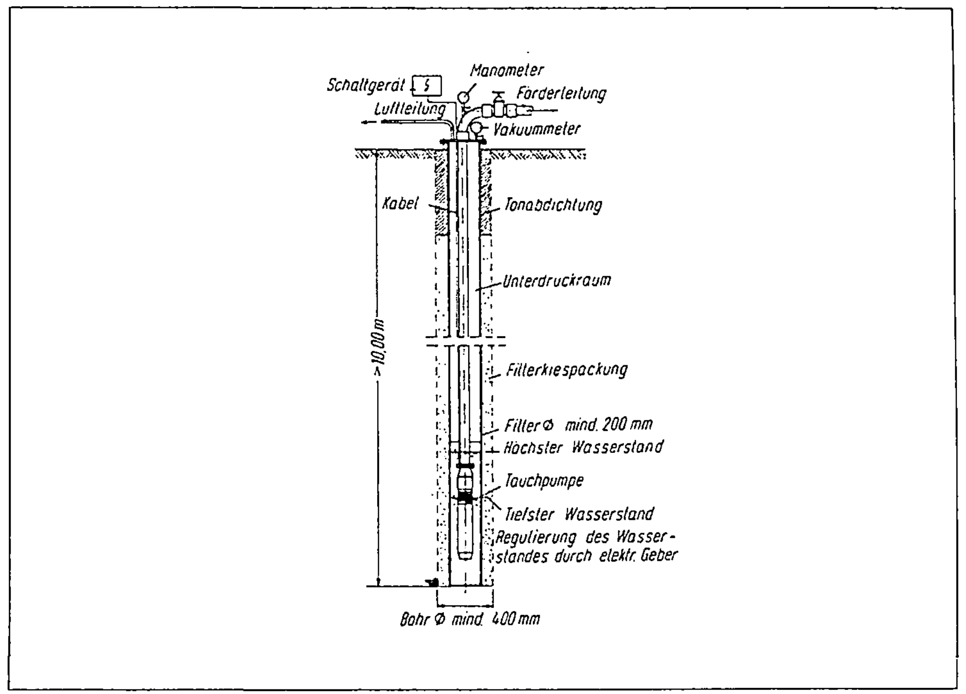

Bild 3.16   Vakuum-Tiefbrunnen (aus [31])

Vakuum-Tiefbrunnen werden als Kiesschüttungsbrunnen mit Bohrdurch-
messern von 500 - 1.000 mm und Filterdurchmessern von 250 - 400 mm
ausgeführt. Die Filterstrecken sind 4 - 6 m lang. Das Filterauf-
satzrohr muß luftdicht durch einen Deckel abgeschlossen sein, in
dem sich die Öffnungen für die Förderleitung und die Luftsauglei-
tung befinden. Der Kiesfilter wird durch eine eingestampfte Ton-
schicht nach oben luftdicht abgeschlossen.

Sind mehrere Schichten mit mehreren Grundwasserstockwerken zu entwässern, werden sogenannte Kombibrunnen eingesetzt, bei denen
durchlässige Bodenschichten durch Schwerkraft und weniger durchlässige Schichten im Vakuumverfahren entwässert werden (Bild
3.17).

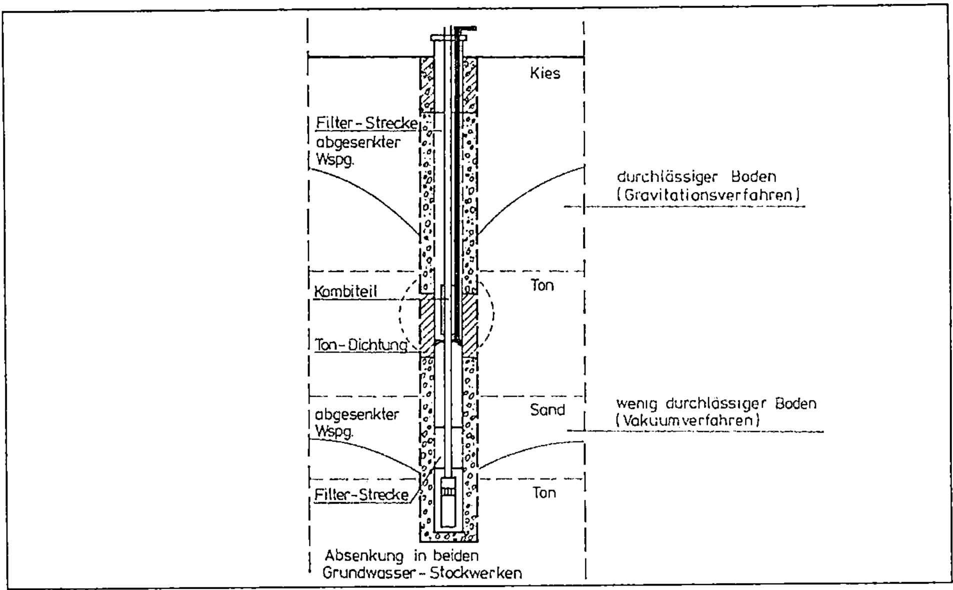

Bild 3.17   Kombibrunnen (nach [3])

3.2.4 Leistung und Kosten

Die Leistung und die Kosten beim Herstellen und Betreiben einer Vakuumentwässerung werden im wesentlichen von den folgenden Parametern beeinflußt:

- Größe der Baugrube
- Tiefenlage des Grundwasserspiegels und gewünschtes Absenkmaß
- Durchlässigkeit des Bodens
- Dauer der Wasserhaltung
- Einleitungsgebühren

Als Beispiel wird eine Vakuumfilterbrunnenanlage für eine Kanalbaugrube gewählt. Die Baugrube ist 4 m tief, das erforderliche Absenkmaß beträgt 2 m, die Vakuumlanzen müssen bis 7 m unter Geländeoberkante eingespült werden. Insgesamt werden gleichzeitig 30 Lanzen betrieben. Mit der Annahme, daß die Durchlässigkeit des anstehenden Bodens $k = 5 \times 10^{-6}$ m/s beträgt, ergibt sich aus einer Vorberechnung eine Wassermenge von ca. 0,5 l/s für die gesamte Anlage.

Die Berechnung der Kosten erfolgt getrennt nach Herstellung, Rückbau und Unterhaltung der Anlage. Dafür werden folgende Einzelleistungen betrachtet:

a) Einbau der Vakuumlanzen mit Filterstrecke (Durchmesser 50 mm)

b) Einbau der Saugleitung (SK 108) einschließlich aller Armaturen

c) Einbau der oberirdischen Druckleitung (SK 133)

d) Aufbau einer zentralen Schalt - und Überwachungsstation

e) Ziehen der Vakuumlanzen

f) Abbau der Saugleitung (SK 108)

h) Abbau der zentralen Schalt - und Überwachungsstation

zu a) bis d)

Die Vakuumlanzen werden von einer 3 Mann starken Kolonne eingespült. Als Geräte sind ein Seilbagger und eine Spülpumpe erforderlich. Pro Vakuumlanze wird ca. 1 m^3 Spülwasser verbraucht.

Der Leistungswert beträgt 5 Stück /h.

$$\text{Aufwandswert:} \qquad \frac{1}{5 \text{ Stück / h}} \times 3 \text{ Arbeitskräfte} = 0,6 \; \frac{h}{\text{Stück}}$$

Aufwandswert für das Verlegen
der Saugleitung: 0,2 h/lfdm

$$\text{Erforderliche Einsatzzeit für den Seilbagger:} \qquad \frac{0,2 \text{ h}}{\text{lfdm}} \times \frac{1}{3 \text{ Arbeitskräfte}} = 0,07 \; \frac{h}{\text{lfdm}}$$

Aufwandswert für das Verlegen
einer Druckleitung: 0,15 h/lfdm

$$\text{Erforderliche Einsatzzeiten für den Seilbagger:} \qquad \frac{0,15 \text{ h}}{\text{lfdm}} \times \frac{1}{3 \text{ Arbeitskräfte}} = 0,05 \; \frac{h}{\text{lfdm}}$$

Aufwandswert für das Aufbauen der
zentralen Pump- und Schaltstation: 40 h

zu e) bis h)

Auch der Rückbau der Anlage wird von einer 3 Mann starken Kolonne unter Einsatz eines Seilbaggers ausgeführt.

Die Werte für den Rückbau betragen:

Leistungswert für das Ziehen
der Vakuumlanzen: 10 Stück/h

$$\text{Aufwandswert:} \qquad \frac{1}{10 \ \text{Stück/h}} \times 3 \ \text{Arbeitskräfte} = 0,3 \ \frac{h}{\text{Stück}}$$

Rückbau der Saugleitung :   0,1 h/lfdm

$$\text{Erforderliche Einsatzzeit für den Seilbagger:} \qquad \frac{0,1 \ h}{\text{lfdm}} \times \frac{1}{3 \ \text{Arbeitskräfte}} = 0,033 \ \frac{h}{\text{lfdm}}$$

Rückbau der Druckleitung: 0,075 h/lfdm

$$\text{Erforderliche Einsatzzeit für den Seilbagger:} \qquad \frac{0,075 \ h}{\text{lfdm}} \times \frac{1}{3 \ \text{Arbeitskräfte}} = 0,025 \ \frac{h}{\text{lfdm}}$$

Abbau der zentralen Pump-
und Schaltstation   : 20 h

Die Länge der erforderlichen Saugleitung wird mit 90 m, die der Druckleitung mit 30 m angenommen.

Die Vorhalte- und Betriebskosten der Geräte sind in Tafel 3.9, die Einzelkosten der Teilleistungen in den Tafeln 3.10 und 3.11 dargestellt.

Die Vorhalte- und Betriebskosten der Anlage setzen sich aus folgenden Anteilen zusammen:

Vorhaltekosten:

Vakuumlanze	: 0,50 DM/Tag
Pumpstation (3 kW)	: 39 DM/Tag (einschl. Kabelanteile)
Zentrale Schalt- und	
Überwachungsstation	: 10 DM/Tag
Notstromaggregat (75 kVA)	: 70 DM/Tag
Saugleitung SK 108	: 0,07 DM/m/Tag
Druckleitung SK 133	: 0,08 DM/m/Tag

Betriebskosten:

$$\text{Strom} : 3\text{kW} \times \frac{24 \text{ h}}{\text{Tag}} \times 0{,}35 \frac{\text{DM}}{\text{kWh}} = 25{,}20 \text{ DM/Tag}$$

$$\begin{array}{l}\text{Warten und Betreiben} \\ \text{der Anlage durch} \\ \text{einen Maschinisten}\end{array} : \frac{4 \text{ h}}{\text{Tag}} \times 44{,}02 \frac{\text{DM}}{\text{h}} = 176{,}08 \text{ DM/Tag}$$

$$\text{Einleitungsgebühren} : 2{,}00 \text{ DM/m}^3$$

(Die anfallende Wassermenge bei dieser Anlage beträgt 0,5 l/s = 1,8 m^3/h)

In Tafel 3.12 sind die Gesamtkosten der Anlage für eine Betriebszeit von einem Monat zusammengestellt.

3.2.5 Sicherheitstechnik

Es gelten die gleichen Sicherheitsvorschriften wie bei Schwerkraftentwässerungsanlagen (Kap. 3.1.5).

Tafel 3.9   Vorhalte- und Betriebskosten der Geräte / h

Bezeichnung	Neuwert DM	Abschreibung + Verzinsung je Monat		Reparatur je Monat		Reparatur je Monat einschl. Lohnfaktor DM
		%	DM	%	DM	
Seilbagger (35 kW)	117.000	1,9	2.223	1,4	1.638	2.468,47
Spülpumpe mit Zubehör (10 kW)	15.000	2,7	405	2,0	300	452,10
Gerätevorhaltekosten / Monat						

Gerätekosten / h	Betriebsstoffe DM/h	Vorhaltekosten DM/h
Seilbagger $\dfrac{4.691,47 \text{ DM/Mon}}{175 \text{ h/Mon}}$		26,81
Betriebsstoffe $35 \text{ kW} \times 0,2 \dfrac{1}{\text{kWh}} \times 1 \dfrac{\text{DM}}{1} \times 1 \text{ h}$	7,00	
Schmierstoffe $0,2 \times 7,00$	1,40	
Summe **35,21 DM/h**	**8,40**	**26,81**
Spülpumpe (Annahme: Einsatzzeit pro Monat 30h) $\dfrac{857,10 \text{ DM/Mon}}{30 \text{ h/Mon}}$		28,57
Betriebsstoffe $10 \text{ kW} \times 1 \text{ h} \times 0,35 \text{ DM/kWh}$	3,50	
Schmierstoffe $0,2 \times 3,50$	0,70	
Summe **32,77 DM/h**	**4,20**	**28,57**

Tafel 3.10   Ermittlung der Einzelkosten für den Einbau der Vaku-
             umlanzen, der Saug- und Druckleitung sowie der zen-
             tralen Pump- und Schaltstation

Ermittlung der Einzelkosten der Teilleistungen	Lohn-stunden h	Lohn DM	Sonstige Kosten DM	Geräte DM
1.Lohn 44,02 DM/h $$\left[0,6\,\frac{h}{Stück}\times30\ Stück+0,2\,\frac{h}{lfdm}\times90\,lfdm+0,15\,\frac{h}{lfdm}\times30\ lfdm+40\ h\right]$$	80,50	3.543,61		
2.Material Spülwasser $$1\,\frac{m^3}{Stück}\times30\ Stück\times2,50\,\frac{DM}{m^3}$$ (Die Kosten für Vakuumlanzen, Rohrleitungen und Pumpen werden in die Vorhaltekosten der Anlage eingerechnet)			75,00	
3.Geräte Seilbagger $$\left[\frac{30\ Stück}{5\ Stück/h}+0,07\,\frac{h}{lfdm}\times90\ lfdm+0,05\,\frac{h}{lfdm}\times30\ lfdm\right]\times35,21\,\frac{DM}{h}$$				485,90
Spülpumpe $$\frac{30\ Stück}{5\ Stück/h}\times32,77\,\frac{DM}{h}$$				196,62
Summe 4.301,13 DM	80,50	3.543,61	75,00	682,52

Tafel 3.11   Ermittlung der Einzelkosten für den Rückbau der Vaku-
              umlanzen, der Saug- und Druckleitung sowie der zen-
              tralen Pump- und Schaltstation

Ermittlung der Einzelkosten der Teilleistungen	Lohn-stunden h	Lohn DM	Sonstige Kosten DM	Geräte DM
1.Lohn 44,02 DM/h $\left[0,3 \dfrac{h}{Stück} \times 30 \text{ Stück} + 0,1 \dfrac{h}{1fdm}\right.$ $\left. \times 90 \text{ 1fdm} + 0,075 \dfrac{h}{1fdm} \times 30 \text{ 1fdm} + 20h\right]$	40,25	1.771,81		
2.Material - Entfällt -				
3.Geräte Seilbagger $\left[\dfrac{30 \text{ Stück}}{10 \text{ Stück/h}} + 0,033 \dfrac{h}{1fdm} \times 90 \text{ 1fdm}\right.$ $\left. + 0,025 \dfrac{h}{1fdm} \times 30 \text{ 1fdm}\right] \times 35,21 \dfrac{DM}{h}$				237,67
Summe 2.009,48 DM	**40,25**	**1.771,81**		**237,67**

Tafel 3.12   Zusammenstellung der Gesamtkosten der Anlage

Gesamtkosten der Anlage (Betriebszeit 1 Monat = 30 Tage)	**Kosten** **DM**
A.Herstellung	
a) bis d) Einbau der Vakuumlanzen, der Saug- und Druckleitung sowie der zentralen Schalt- und Pumpstation	4.301,13
a) bis h) Rückbau der Vakuumlanzen, der Saug- und Druckleitung sowie der zentralen Pump- und Schaltstation	2.009,48
B.Vorhaltung	
30 Vakuumlanzen x 0,50 DM/Tag x 30 Tage	450,00
Pumpstation 39 DM/Tag x 30 Tage	1.170,00
Zentrale Schalt- und Überwachungsstation 10 DM/Tag x 30 Tage	300,00
Notstromaggregat 70 DM/Tag x 30 Tage	2.100,00
90 m Saugleitung x 0,07 $\dfrac{DM}{m \times Tag}$ x 30 Tage	189,00
30 m Druckleitung x 0,08 $\dfrac{DM}{m \times Tag}$ x 30 Tage	72,00
C.Betrieb	
Strom 25,20 DM/Tag x 30 Tage	756,00
Warten und Betreiben (Lohn) 176,08 $\dfrac{DM}{Tag}$ x 30 Tage	5.282,40
Einleitungsgebühren 1,8 $\dfrac{m^3}{h}$ x 24 $\dfrac{h}{Tag}$ x 30 Tage x 2 $\dfrac{DM}{m^3}$	2.592,00
Summe	**19.222,01**

4 Grundwasserabsperrung

4.1 Technische Grundlagen

Wenn weitreichende Grundwasserabsenkungen verhindert werden sollen, da z.B. wasserrechtliche Vorbehalte vorhanden sind oder eine Setzungsgefahr für die Nachbarbebauung besteht, läßt sich eine trockene Baugrube im Schutz einer Grundwasserabsperrung herstellen. Die Absperrung kann je nach Verfahren und Dichtungsmaterial nur abdichtende oder auch statische Funktion haben.

Auch bei Böden mit großer Durchlässigkeit (z.B. Kies), in denen sich eine Absenkung nicht wirtschaftlich ausführen läßt, werden sehr häufig wasserdichte Verbauwände eingesetzt.

Die Abdichtungswirkung kann durch folgende Techniken erreicht werden:

- Verringerung der Durchlässigkeit des anstehenden Bodens durch Verminderung oder Füllung des Porenanteils (Beispiele: Verdichtungswände, Injektionswände) (Bild 4.1)

- Aushub des anstehenden Bodens und Einbau eines Abdichtungsmaterials (Beispiel: Schlitzwand) (Bild 4.2)

- Verdrängung des anstehenden Bodens und Einbau eines Abdichtungsmaterials (Beispiel: Spundwand) (Bild 4.3).

Damit die der Baugrube von unten zufließende Wassermenge gering bleibt, muß entweder eine relativ wasserundurchlässige natürliche Bodenschicht vorhanden sein (Schluff, Ton), in die die vertikale Abdichtungswand einbindet, oder die Durchlässigkeit des anstehenden Bodens muß, z.B. durch Sohlinjektionen, verringert werden.

Die Vertikalabdichtungen, die gleichzeitig auch statische Funktion erfüllen können, wie Injektionswände, Gefrierwände, Düsenstrahlwände, Spundwände, Bohrpfahlwände und Schlitzwände, sind z.B. in [33] ausführlich beschrieben, so daß hier nur noch die Wände behandelt werden, die reine Abdichtungszwecke erfüllen:

Abdichtungs-system	Schematischer Grundriß	Herstellungs-verfahren	Dichtungs-material	geeignete Bodenarten	übliche Abmessungen Dicke [m]	Tiefe [m]
Verdich-tungswand		Säulenweise Verdich-tung des anstehenden Bodens mit Tiefenrütt-lern unter Zugabe von Material bestimmter Körnung	Sand und Kies be-stimmter Kornvertei-lung	Sand, Kies, Gerölle	0,5-2	10-20
Injektions-wand		Auspressen des Poren-raumes mit Injektions-mittel, wobei sich um die Lanzen herum sich überschneidende Injek-tionskörper bilden	Zement, Chemikalien (Wasser-glas), Kunstharze	Sand, Kies	0,6-1,5	10-50
Gefrierwand		Über in den Boden ein-gebrachte Rohre wird Kälte zugeführt, die das Porenwasser ge-frieren läßt	Gefrorenes Porenwasser	Alle Böden mit Was-sergehal-ten > 6 bis 8%	1-2	< 30
Düsenstrahl-wand (Hoch-druckinjek-tion)		Abteufen eines Gestän-ges Nach Erreichen der Endtiefe Einpressen einer Suspension mit hohen Drücken (ca. 300 bar) unter gleichzei-tigem Ziehen des Ge-stänges. Es entstehen hierbei überschnittene Säulen bzw. membran-artige Wände	Zement-Sus-pension zum Teil mit Füllstoffen	Alle Böden	0,2-1	< 30

Tafel 4.1 Verfahren zur Verringerung der Durchlässigkeit des anstehenden Bodens

Abdichtungs-system	Schematischer Grundriß	Herstellungs-verfahren	Dichtungs-material	geeignete Bodenarten	übliche Abmessungen Dicke [m]	Tiefe [m]
Bohrpfahl-wand (über-schnitten)		Aushub des Bodens im Schutz einer Verroh-rung. Einbau von Beton	Beton	alle	0,8-1,2	< 30
Schlitzwand		Aushub von Lamellen im Schutz einer Bentonit-Suspension. Einbau von Beton	Beton	alle	0,6-1,0	< 30
Dichtwand -Einphasen-verfahren		Aushub lamellenweise im Pilgerschrittver-fahren im Schutz einer Bentonit-Zement-Sus-pension, die den Erd-schlitz stützt und später aushärtet	Bentonit-Zement-Sus-pension	alle	0,4-1,0	< 20
-Zweiphasen-verfahren		Aushub lamellenweise mit Abschalkonstruk-tion im Schutz einer Bentonit-Suspension. Ersatz der Stützflüs-sigkeit durch Dicht-wandmasse (Ton, Zement Füller, Wasser)	Ton, Zement und Füller	alle	0,4-1,0	20 - 50

Tafel 4.2   Verfahren mit Aushub des anstehenden Bodens und Einbau eines Dichtungsmaterials

Abdichtungs-system	Schematischer Grundriß	Herstellungs-verfahren	Dichtungs-material	geeignete Bodenarten	übliche Abmessungen Dicke [m]	Tiefe [m]
Spundwand		Einrammen, Einrütteln evtl. Einhängen in Bentonit-Zement Suspension	Stahl	alle	0,01-0,02	< 20
Schmalwand		Einrütteln von Stahlträgern oder Tiefenrüttlern. Beim Ziehen Auspressen des Verdrängungsraumes mit Dichtungsmaterial	Bentonit-Zement-Suspension	alle	0,05-0,2	< 30

Tafel 4.3   Verfahren, bei denen der anstehende Boden verdrängt und ein Abdichtungsmaterial eingebaut wird

- Verdichtungswände
- Schmalwände
- Dichtwände

Die Baugrube kann, wenn die Abdichtung weit genug hinter der Bö-
schungskante angeordnet ist, geböscht ausgeführt werden, oder es
wird zusätzlich eine senkrechte Verbauwand (z.B. Trägerbohlwand)
angeordnet (Bild 4.4).

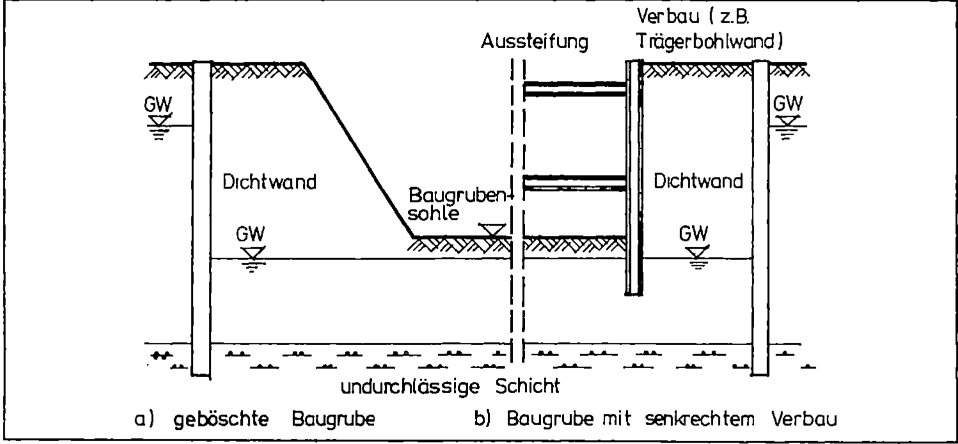

Bild 4.4   Baugrube mit vertikalen Dichtwänden

4.2   Erforderliche Stoffe und Materialien
4.2.1   Verdichtungswände

Verdichtungswände werden durch Umordnung der Kornstruktur des anstehenden Bodens in eine dichtere Lagerung erstellt. Dabei kann
von der Oberfläche her Fremdmaterial zugegeben werden, das bei einer geeigneten Kornstruktur in die größeren Poren des anstehenden
Bodens eindringt. Durch die Rüttelverdichtung kann sich der Durchlässigkeitsbeiwert des anstehenden Bodens um ein bis zwei
Zehnerpotenzen verringern [24].

Dieses Verfahren kann nur bei rolligen Böden (Sande und Kiese) angewendet werden. Die Fremdzugabe von Sand und Kies wird sich auf

die Korngrößen erstrecken, die im anstehenden Boden nicht vorkommen (Fehlkörnungen).

4.2.2 Schmalwände

Bei der Herstellung von Schmalwänden werden z.B. I-förmige Bohlen in den Baugrund eingerüttelt, und der beim Ziehen der Bohlen entstehende Hohlraum wird mit einer plastischen dichtenden Masse ausgefüllt.

Diese Massen, die in der Regel feststoffreicher sind als Dichtwandmassen, bestehen aus Bentonit (Natrium- bzw. Calciumbentonit), Zement, Steinmehl und Wasser.

An Schmalwandmassen sind folgende Anforderungen zu stellen [34]:

- Pumpbarkeit
- Stabilität (keine Entmischung)
- Abdriftsicherheit
- Dichtigkeit
- Festigkeit
- Erosionsbeständigkeit
- Umweltfreundlichkeit

Übliche Mischungsverhältnisse für 1 m^3 Schmalwandmasse bei Verwendung von Natriumbentonit sind:

```
 25 -  35  kg Bentonit
150 - 175  kg Zement
500 - 800  kg Steinmehl
500 - 700  kg Wasser
```

Bei der Verwendung von Calciumbentonit sind es:

```
100 - 150  kg Bentonit
100 - 150  kg Zement
500 - 700  kg Steinmehl
500 - 700  kg Wasser
```

Um die Scherfestigkeit und Zähigkeit der Massen zu erhöhen und damit die Gefahr des Auswaschens der Suspension bei grobkörnigen Böden und die des Abdriftens bei fließendem Grundwasser zu
vermeiden, werden folgende Zusatzmaßnahmen angewendet [34]:

- Verwendung hochwertiger Bentonite
- Einsatz von Abbindebeschleunigern
- Zugabe von Wasserglas an der Austrittsdüse

Die Durchlässigkeitsbeiwerte von Schmalwänden liegen bei ca. 10^{-8}
bis 10^{-9} m/s und die einaxialen Druckfestigkeiten zwischen 500 –
1.000 kN/m^2.

4.2.3 Dichtwände

Dichtwände sind Schlitzwände von ca. 40 – 100 cm Dicke, die aus
Dichtmassen hergestellt werden. Bei der Dichtwandherstellung wird
zwischen dem Einphasen- und dem Zweiphasenverfahren unterschieden.

Beim Einphasenverfahren werden Suspensionen verwendet, die beim
Aushub des Erdschlitzes den Boden abstützen und dann langsam
erhärten.

An die frische Suspension sind folgende Anforderungen zu stellen:

- Pumpbarkeit
- Stabilität (keine Entmischung)
- Filterkuchenbildung
- Erstarren erst nach Beendigung des Aushubes

Die erhärtete Dichtwandmasse muß folgende Forderungen erfüllen:

- Sie muß eine Mindestdruckfestigkeit aufweisen. Die Festigkeit
  sollte auf die des umgebenden Bodens abgestimmt sein.
- Sie muß ausreichend wasserdicht sein.
- Sie muß dauerhaft plastisch sein, um sich unter Belastung
  möglichst rissefrei verformen zu können.
- Sie muß erosionssicher sein.

Diese Forderungen an Dichtwandmassen in frischem und erhärtetem Zustand werden von Bentonit-Zement-Suspensionen erfüllt, die bei Verwendung von Natriumbentonit folgende Anteile je m^3 Dichtwandmasse aufweisen:

```
 30 -  40 kg Bentonit
150 - 200 kg Hochofenzement
900 - 950 kg Wasser
```

Bei der Verwendung von Calciumbentonit sind je m^3 Dichtwandmasse üblich:

```
150 - 200 kg Bentonit
150 - 200 kg Hochofenzement
850 - 900 kg Wasser
```

Meseck [26] hat nach Untersuchungen bei 34 Dichtwandbaustellen Beispiele für die Zusammensetzung von Einphasen-Dichtwandmassen zusammengestellt (Bild 4.5).

Mischung \ Jahr		1977	1980	1982	1986	1987
Natriumbentonit	[kg]	40	–	36	40	8
Calciumbentonit	[kg]	–	187	–	–	306
Zement	[kg]	150	200	200	160	184
Mineralische Füllstoffe	[kg]	–	–	–	170	–
Chemische Zusätze	[kg]	–	–	–	–	3
Wasser	[kg]	934	861	919	867	814
Wasser-Zementwert	[–]	6,2	4,3	4,6	5,4	4,4
Wasser-Feststoffwert	[–]	4,9	2,2	3,9	2,3	1,6
Dichte ρ	[kg/m³]	1124	1248	1155	1237	1315

Bild 4.5   Beispiele für die Zusammensetzung von Einphasen-Dichtwandmassen je Kubikmeter (aus [26])

Neben Bentonit, Zement und Wasser werden gelegentlich zur Erhöhung des Feststoffanteils oder zum teilweisen Ersatz des Zements mineralische Füllstoffe wie Kalksteinmehl, Tonmehl, Quarzmehl oder Flugasche beigefügt. Hierbei muß im Einzelfall geprüft werden, wie sich die physikalischen Eigenschaften der Dichtwandmassen verändern.

Die Durchlässigkeiten von Dichtwänden liegen zwischen $k = 10^{-7}$ m/s und $k = 10^{-11}$ m/s (Bild 4.6).

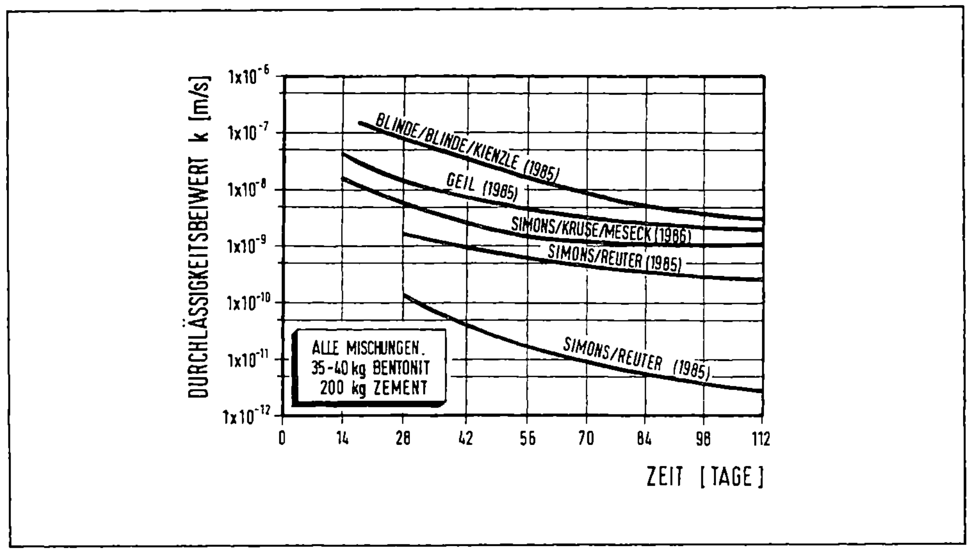

Bild 4.6   Zeitliche Entwicklung der Durchlässigkeit von Dichtwandmassen nach Untersuchungen verschiedener Autoren (aus [26])

Die große Streubreite der Ergebnisse ist vor allem auf die Verwendung unterschiedlicher Bentonit- und Zementsorten zurückzuführen.

Die einaxialen Druckfestigkeiten der erhärteten Massen sind im wesentlichen durch das Bindemittel bestimmt und liegen je nach Alter zwischen 300 - 1.500 kN/m^2 (Bild 4.7).

Beim für Baugrubenumschließungen kaum verwendeten Zweiphasen-Verfahren wird zunächst der Boden durch eine Bentonit-Suspension gestützt, die dann gegen die eigentliche Dichtmasse ausgetauscht wird. Als Stützflüssigkeiten werden Bentonitsuspensionen verwendet, wie sie bei der Schlitzwandbauweise üblich sind.

Der Vorteil des Verfahrens liegt darin, daß als Abdichtungsmaterialien sehr unterschiedliche mineralische Stoffe eingesetzt werden können. Wesentlich ist allerdings, daß ein ausreichender Dichteunterschied zwischen der reinen Bentonitsuspension und der

Dichtwandmasse vorhanden ist, damit die Stützflüssigkeit beim Einbringen der Dichtwandmasse vollständig verdrängt wird.

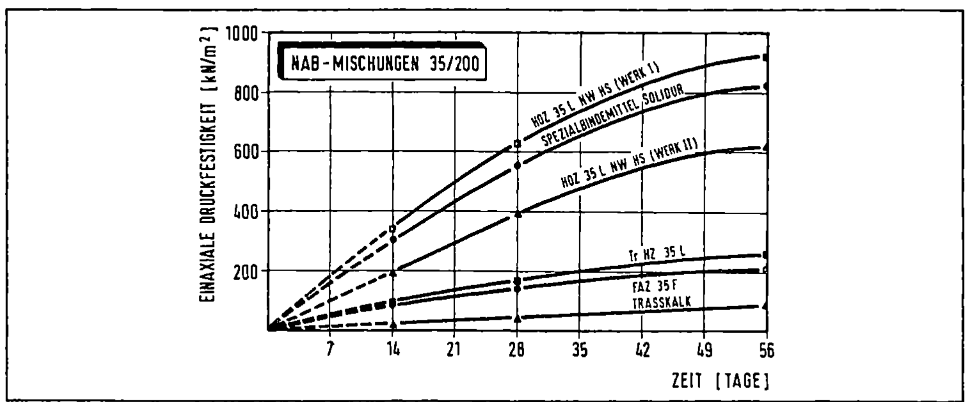

Bild 4.7   Druckfestigkeitsentwicklung einer Dichtwandmasse (Bentonit 35 kg, Zement 200 kg je Kubikmeter) mit unterschiedlichen Bindemitteln (aus [26])

4.3   Geräte und Verfahren

4.3.1 Verdichtungswände

Bei der Herstellung von Verdichtungswänden entsteht keine weitgehend undurchlässige Absperrung, sondern die Durchlässigkeit des anstehenden Bodens wird um ca. 1 - 2 Zehnerpotenzen vermindert.

Der Verdichtungsvorgang führt zu einer Umlagerung des Korngerüstes in eine dichtere Lagerung und damit zu einer Verminderung des Porenanteils. Von der Oberfläche kann rolliges Material (Sand oder Kies) zugegeben werden, das bei einer geeigneten Kornverteilung in die größeren Poren des anstehenden Bodens eindringt.

Beim Rütteldruckverfahren wird ein Rüttler unter Wasserzugabe an der Spitze bis in die gewünschte Tiefe versenkt (Bild 4.8).

Anschließend wird der Rüttler stufenweise bei gleichzeitiger Verdichtung des umliegenden Bodens gezogen. Dabei entsteht eine verdichtete zylindrische Bodensäule. Durch die Anordnung von Verdichtungspunkten nebeneinander können Bodenkörper beliebiger Ausdehnung verdichtet werden. Der erforderliche Abstand der Verdichtungspunkte hängt ab vom Grad der gewünschten Verringerung des Porenanteils und vom Bodenaufbau. Bei feinen Sanden müssen die Verdichtungspunke enger gesetzt werden als bei grobkörnigem Material. Die Grenzen des Verfahrens sind durch die Kornverteilung des Bodens gegeben (Bild 4.9).

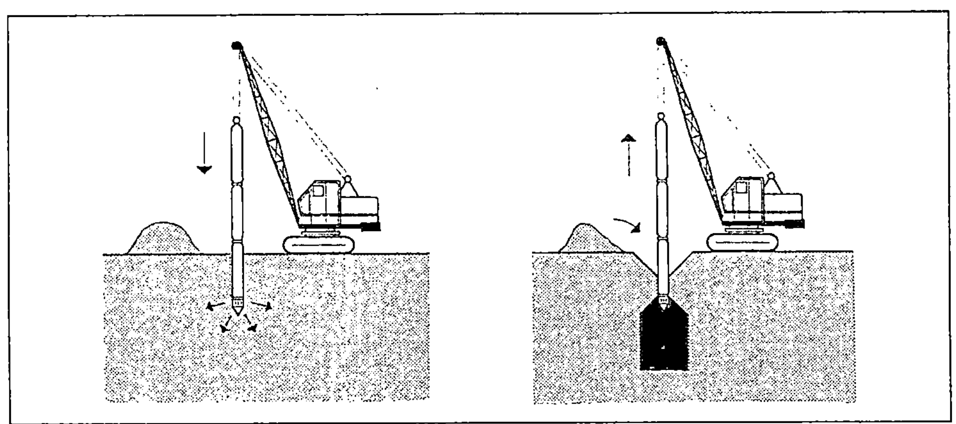

Bild 4.8   Rütteldruckverdichtung (aus [18])

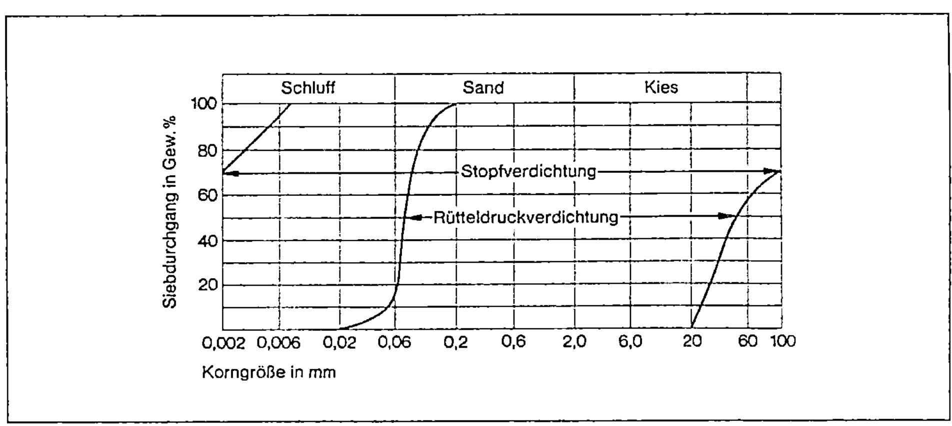

Bild 4.9   Grenzen des Rütteldruckverfahrens (aus [18])

4.3.2 Schmalwände

Schmalwände wurden als Dichtwände Anfang der 50-er Jahre in Frankreich entwickelt. Dabei wurden zunächst Spundwände mit Schloßverbindungen in Staffeln von vier, sechs oder acht Einheiten eingerammt, die anschließend unter Einpressen einer Ton- Zement- Mischung in den entstehenden Hohlraum wieder gezogen wurden [1].

Etwa ab Mitte der 60-er Jahre wurde das Rammen mehrerer Bohlen durch das Rammen und später das Einrütteln von Einzelbohlen ersetzt. Heute werden Schmalwände nur noch mit Einzelbohlen hergestellt, die im Regelfall in den Boden eingerüttelt werden. Nach Erreichen der Solltiefe wird die Bohle wieder gezogen und der Hohlraum mit der Dichtwandmischung (Zement, Bentonit, Steinmehl und Wasser) verfüllt (Bild 4.10).

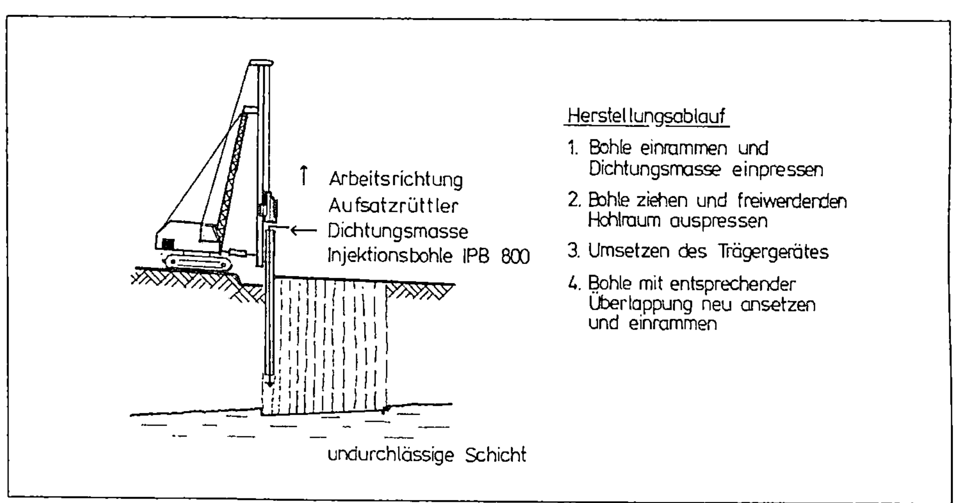

Bild 4.10   Herstellung von Schmalwänden (aus [1])

Als Bohlen werden fußverstärkte Profilträger IPB 500 - IPB 1000 verwendet, bei denen in den Knickpunkten zwischen Flansch und Steg Injektionsrohre angeschweißt sind. Die Bohlen haben eine besondere Fußverstärkung - den sogenannten Schuh - in den die Einpreßdüsen eingebaut sind. Die Schuhe werden mit Stärken von 60 - 80 mm ausgebildet.

Bereits beim Absenken der Bohle wird Dichtwandmasse aus den Düsen
gepreßt, die als Gleitmittel dient und das Verstopfen der Einpreßdüsen verhindert.

Durch fortlaufende Aneinanderreihung und Überlappung der eingerüt-
telten Bohlen entsteht eine geschlossene Dichtungswand. Durch die
Wahl der Übergrifflänge läßt sich die Lückenlosigkeit sicherstel-
len, wobei eine große Übergrifflänge eine höhere Sicherheit gegen
Durchströmung erzeugt. Die Vortriebsleistung nimmt dabei allerdings entsprechend ab (Bild 4.11).

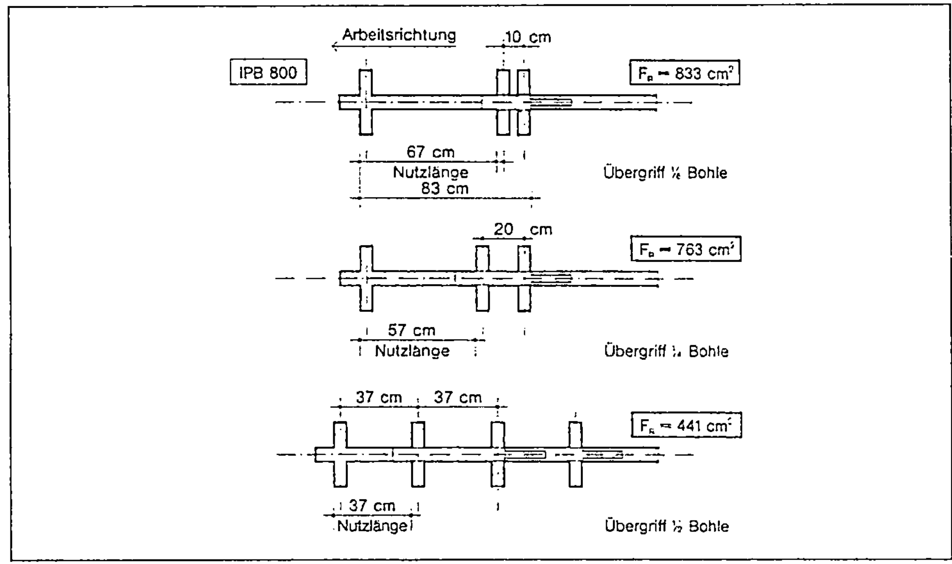

Bild 4.11   Übergrifflängen (aus [1])

Statt eingerüttelter Einzelbohlen werden beim Verfahren der Fa.
Keller Tiefenrüttler verwendet, wie sie auch bei der Herstellung
von Verdichtungswänden eingesetzt werden. Sie werden am Ausleger
einer speziell dafür entwickelten Tragraupe geführt.

Um die gewünschte wandartige Ausbildung zu garantieren, sind in
Höhe der Rüttlerspitze beidseitig vom eigentlichen Rüttlerkörper
Stahlflügel angebracht, die am unteren Ende horizontal ausgebildet
sind. Sie verjüngen sich nach oben (Bild 4.12).

Die Flügelbreite des Schmalwandrüttlers beträgt 1,3 m. Die Stärke der Flügel beträgt etwa 70 mm, der Durchmesser des Rüttelkörpers ca. 30 cm. Unmittelbar unterhalb der Flügel befinden sich am Rüttlerkörper die Austrittsöffnungen für das Dichtungsmaterial. Der entstehende Grundriß der Wand ist in Bild 4.12 dargestellt. Auch hierbei ist auf eine ausreichende Überlappung zu achten.

Die üblichen Tiefen von Rüttelschmalwänden liegen bei ca. 10 - 15 m. Die Dicke der Schmalwände hängt wesentlich von der Breite des Bohlenschuhs bzw. der Dicke der Flügel ab und liegt damit bei ca. 8 - 10 cm. Da das Dichtwandmaterial aber auch in den umgebenden Boden eindringt, ergeben sich je nach Durchlässigkeit des Bodens Dicken von bis zu 50 cm (Kies).

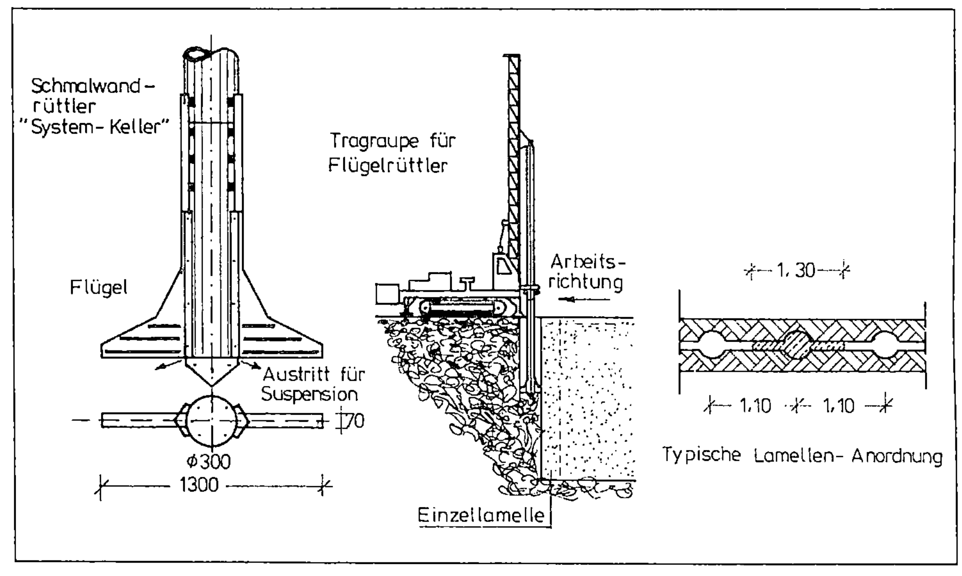

Bild 4.12   Rüttelschmalwand nach dem System Keller (aus [19])

Für die Herstellung von Rüttelschmalwänden sind folgende Geräte erforderlich:

-       Bagger mit Mäkler und Tandem - Rüttler oder Tragraupe mit Flügelrüttler (System Keller)
-       Stromaggregate
-       Mischanlage für Dichtwandmasse

4.3.3 Dichtwände

Das Herstellen von Dichtwänden nach dem Schlitzwandprinzip bietet
folgende Möglichkeiten [25]:

- Dicke, Tiefe und Verlauf der Wand können den jeweiligen
  Verhältnissen angepaßt werden.
- Da der anstehende Boden herausgegriffen wird, kann z.B. die
  Einbindung in die wasserundurchlässige Schicht gut
  kontrolliert werden.
- Nahezu alle mineralischen Dichtwandmassen können eingebaut
  werden. Sie reichen von der selbsterhärtenden Bentonit-
  Zementsuspension bis zum Beton.
- In die Wand können zusätzliche Abdichtungselemente wie
  Fertigteile, Spundwände, Kunststoffbahnen u.ä. eingebaut
  werden.

Das Zweiphasen-Verfahren zur Herstellung von Dichtwänden entspricht der bekannten Schlitzwandbauweise zur Herstellung statisch
tragender Wände.

Vor Beginn des Aushubs werden Leitwände erstellt, die für den
Schlitzwandgreifer als Führung dienen und den oberen Bereich gegen
Einsturz sichern. Der Aushub erfolgt lamellenweise, wobei als Be-
grenzung Abschalrohre verwendet werden. Die dadurch bedingten Fugen sind als ein wesentlicher Nachteil des Zweiphasen-Verfahrens
zu sehen.

Während des Aushubs wird der Erdschlitz durch eine Bentonitsuspension gestützt (Bild 4.13).

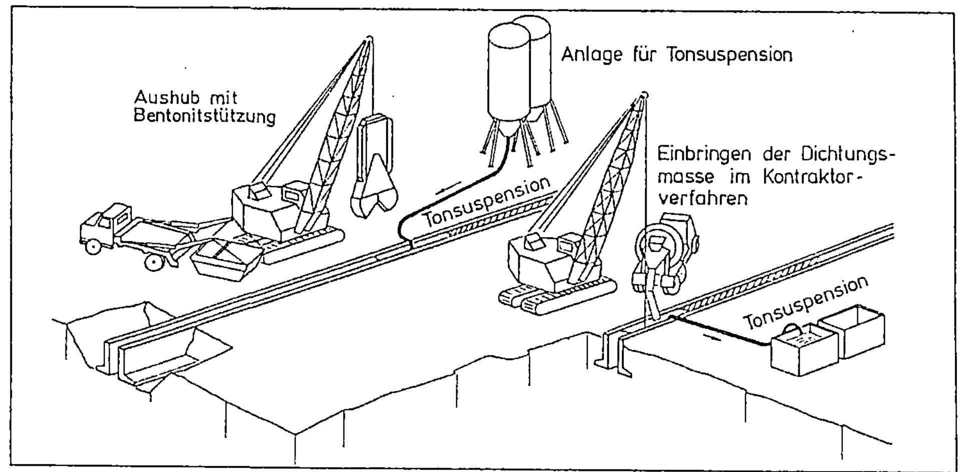

Bild 4.13   Herstellung einer Dichtungsschlitzwand im Zweiphasen-
            Verfahren (aus [11])

Anschließend wird das eigentliche Dichtungsmaterial im Kontrak-
torverfahren in den Schlitz eingebracht. Es verdrängt beim Auf-
steigen die Bentonitsuspension, die abgepumpt und regeneriert bzw.
beseitigt werden muß, falls sie nicht dem Dichtungsmaterial
zugegeben wird.

Das Zweiphasen-Verfahren wird als Grundwasser- Absperrung nur angewendet, wenn das Herstellen der Wand im Einphasen-Verfahren
nicht möglich ist. Das ist vor allem bei großen Tiefen der Fall,
da während der langen Aushubzeit die im Einphasen-Verfahren verwendeten Betonit-Zementsuspensionen abzubinden beginnen.

Im Regelfall werden Dichtungswände bei Baugruben heute im Einphasen-Verfahren hergestellt. Auch im Einphasen-Verfahren wird
zunächst eine Leitwand hergestellt. Der Schlitz wird dann mit
einem Greifer abschnittsweise ausgehoben, wobei der Boden durch
eine Bentonit-Zementsuspension abgestützt wird. Die Dichtwandmasse
verbleibt nach Beendigung des Bodenaushubs im Schlitz und bindet
durch den Zementanteil langsam ab.

Aus erdstatischen und baubetrieblichen Gründen werden die Dichtwände in Abschnitten begrenzter Länge hergestellt (Bild 4.14).

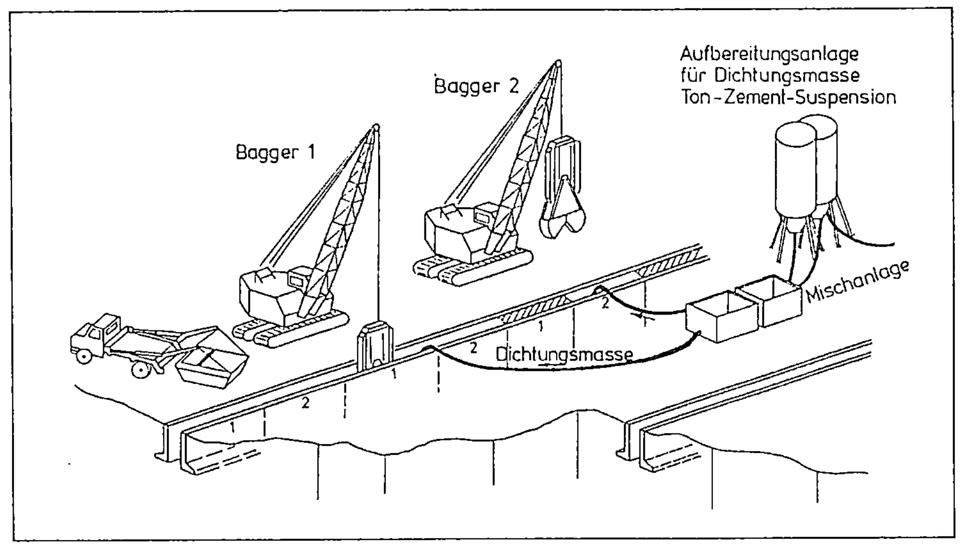

Bild 4.14   Herstellung einer Dichtungsschlitzwand im Einphasen-
Verfahren (aus [11])

Die Länge einer Lamelle entspricht i.a. der Öffnungsweite des
Greifers (2,5 - 4,0 m). In Sonderfällen werden auch Lamellen hergestellt, deren Länge einem Vielfachen der Öffnungsweite
entspricht.

Die einzelnen Lamellen werden im Pilgerschrittverfahren hergestellt.

Dabei werden zuerst die Lamellen 1 (Bild 4.14) ausgehoben, die als
Primärlamellen bezeichnet werden. Nach ca. 48 Stunden, wenn sich
die eingebaute Dichtwandmasse in einem stichfesten Zustand befin-
det, beginnt der Aushub der Lamellen 2 (Sekundärlamellen). Beim
Aushub der Sekundärlamellen schneidet der Greifer um dn/2 (dn =
Schlitzwanddicke $\geq$ 40 cm) in die noch weiche Masse der Primärla-
melle ein. Durch das Profil des Schlitzwandgreifers ergibt sich
eine gute Verzahnung zwischen den einzelnen Lamellen. Da der Er-
härtungsvorgang der Dichtwandmasse in den Primärlamellen noch
nicht abgeschlossen ist, wird die frische Bentonit-Zement-Suspension gut angebunden. Es entsteht eine durchgehende fugenlose Wand.
Der Baufortschritt ist beim Einphasen-Verfahren wesentlich größer
als beim Zweiphasen-Verfahren.

Die erreichbaren Schlitztiefen liegen beim Einphasen-Verfahren bei
ca. 20 m, beim Zweiphasen-Verfahren bei ca. 60 m.

Die Wanddicken liegen bei 0,4 - 1 m.

Schlitzwandfräsen sind bei der Einphasenbauweise nicht einsetzbar.
Die Stütz-Suspension dient hierbei auch als Fördermedium für das
Abbaumaterial. Dieses wird außerhalb des Schlitzes durch Filtration von der Suspension getrennt, die in einen Kreislauf zurückge-
pumpt wird. Bei dieser Filtration würde auch ein Teil des hydraulischen Bindemittels Zement entzogen. Der Abbindevorgang der
Dichtwandmasse wird damit unkontrollierbar.

Das Anmischen der Dichtwandmassen für das Einphasen-Verfahren beginnt mit der Aufbereitung der Bentonit-Suspension. Hierzu werden
Bentonit und Wasser in einem Behälter über Umlaufpumpen chargen-
weise gemischt oder in kontinuierlich arbeitenden Anlagen durch
hohe Scherkräfte dispergiert.

Nach einer Zwischenlagerung in Quellbehältern (Quellzeit 8 - 12
Stunden) werden in einem weiteren Mischvorgang der Zement und
evtl. mineralische Füllstoffe zugegeben (Bild 4.15).

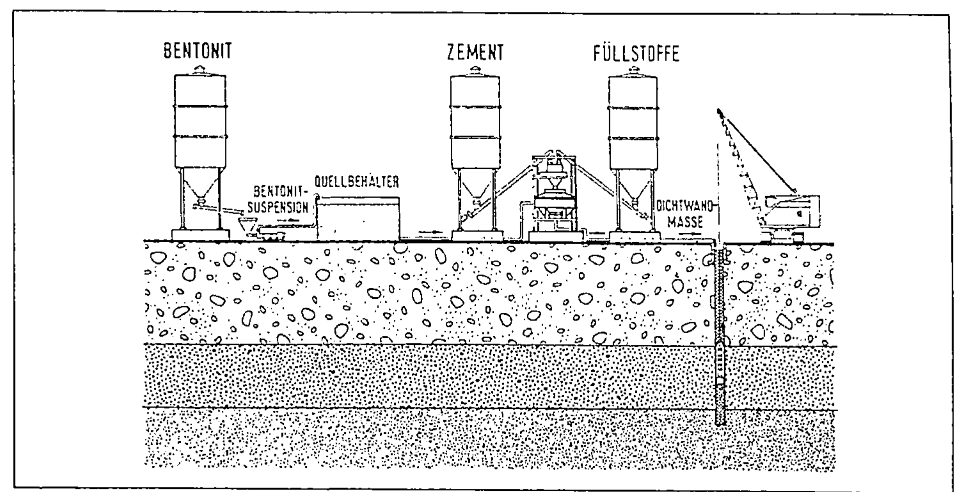

Bild 4.15   Baustellenmischanlage zur Herstellung von
            Dichtwandmassen (aus [26])

4.4   Leistung und Kosten

4.4.1 Verdichtungswände

Leistung und Kosten hängen vom anstehenden Boden (Kornverteilung, Lagerungsdichte) und von der gewünschten Verdichtung ab.

Als Beispiel wird eine 3 m breite Verdichtungswand gewählt, die über eine Tiefe von 10 m in einem Kies-Sand-Gemisch hergestellt werden soll. Der Abstand der Ansatzpunkte des Rüttlers beträgt 1,5 m. Unter diesen Voraussetzungen beträgt die Leistung 2 Rüttelpunkte pro h (einschließlich Umsetzen des Gerätes). Die erforderliche Mannschaft besteht aus 3 Arbeitskräften. Je nach Kornverteilung und Lagerungsdichte müssen zwischen 0 und 1,0 t Bodenmaterial je Rüttelpunkt zugegeben werden. Für dieses Beispiel werden 0,5 t angenommen, wobei das Zugabematerial 15 DM/t kostet.

Alle Kosten werden pro m^3 verdichteter Boden angegeben.
Je Rüttelpunkt werden bei einem Abstand von 1,5 m

$$1,5 \text{ m} \times 1,5 \text{ m} \times 10 \text{ m} = 22,50 \text{ m}^3 \quad \text{verdichtet.}$$

$$\text{Leistungswert:} \qquad \frac{2 \times 22,5 \text{ m}^3}{h} = 45 \ \frac{m^3}{h}$$

$$\text{Aufwandswert:} \qquad \frac{1}{45 \text{ m}^3/h} \times 3 = 0,07 \ \frac{h}{m^3}$$

Für die Ermittlung der Energiekosten wird davon ausgegangen, daß das Trägergerät zu 90 %, der Rüttler zu 80 %, der Radlader zu 20 % und die Spülpumpe zu 70 % der Zeit ausgelastet sind.

Die Gerätekosten/m^3 verdichteten Bodens sind in Tafel 4.1 zusammengestellt. Tafel 4.2 zeigt die Einzelkosten der Teilleistung.

Tafel 4.1   Ermittlung der Vorhalte- und Betriebskosten / m^3 verdichteter Boden

Bezeichnung	Neuwert DM	Abschreibung + Verzinsung je Monat %		Reparatur je Monat %	DM	Reparatur je Monat einschl. Lohnfaktor DM
		%	DM	%	DM	DM
Trägergerät (105 kW)	650.000	3,2	20.800,00	2,4	15.600	23.509,20
Rüttler (50 kW)	56.000	5,1	2.856,00	7,5	4.200	6.329,40
Radlader (40 kW)	82.000	3,2	2.624,00	2,7	2.214	3.336,50
-Bereifung	2.600	4,4	114,40	---	----	--------
Spülpumpe (35 kW)	7.000	3,9	273,00	2,5	175	263,73
Stromaggregat (125 kVA)	85.000	2,1	1.785,00	1,4	1.190	1.793,33
Gerätevorhaltekosten / Monat			**28.452,40**			**35.232,16**

Gerätekosten je m^3 verdichteter Boden	Betriebsstoffe DM/m^3	Vorhaltekosten DM/m^3
$$\frac{63.684,56 \text{ DM/Mon}}{175 \text{ h/Mon}} \times \frac{1}{45 \ m^3/h}$$		8,09
Trägergerät $$105 \text{ kW} \times \frac{1}{45 \ m^3/h} \times 0,9 \times 0,2 \ \frac{1}{kWh} \times 1 \ \frac{DM}{1}$$	0,42	
Rüttler $$50 \text{ kW} \times \frac{1}{45 \ m^3/h} \times 0,8 \times 0,2 \ \frac{1}{kWh} \times 1 \ \frac{DM}{1}$$	0,18	
Radlader $$40 \text{ kW} \times \frac{1}{45 \ m^3/h} \times 0,2 \times 0,2 \ \frac{1}{kWh} \times 1 \ \frac{DM}{1}$$	0,04	
Spülpumpe $$35 \text{ kW} \times \frac{1}{45 \ m^3/h} \times 0,7 \times 0,2 \ \frac{1}{kWh} \times 1 \ \frac{DM}{1}$$	0,11	
Summe **8,84 DM/m^3**	**0,75**	**8,09**

Tafel 4.2   Ermittlung der Einzelkosten der Teilleistungen

Ermittlung der Einzelkosten der Teilleistungen	Lohn-stunden h/m^3	Lohn DM/m^3	Sonstige Kosten DM/m^3	Geräte DM/m^3
1.Lohn 44,02 DM/h	0,07	3,08		
2.Material Zugabemittel $\dfrac{0,5\ t}{22,5\ m^3} \times 15\ \dfrac{DM}{t}$			0,33	
3.Geräte				8,84
Summe 12,25 DM/m³	0,07	3,08	0,33	8,84

4.4.2   Schmalwände

Der anstehende Baugrund, die gewählte Überlappung der Einzellamellen und das Herstellungsverfahren beeinflussen im wesentlichen die Leistung und die Kosten.

Als Beispiel wird eine 10 m tiefe Schmalwand gewählt, die mit einer Rüttelbohle IPBv 800 hergestellt wird. Die Übergrifflänge (Bild 4.11) beträgt 10 cm, so daß sich beim Ziehen der Bohle ein Wandquerschnitt von 0,67 m^2/m ergibt.

Die mittlere Leistung liegt bei ca. 60 m/h bzw.
   60 m/h x 0,67 m^2/m = 40 m^2/h

Die Kolonne umfaßt 4 Mann:

1 Mann für Trägergerät
1 Mann für Rüttelbär
1 Mann für Mischanlage
<u>1 Mann für Injektionspumpe</u>
4 Mann

Aufwandswert: $\dfrac{1\ h}{40\ m^2} \times 4 = 0,1\ h/m^2$

Als Schmalwandmasse wird eine Bentonit-Zement-Steinmehl-Mischung (γ = 16,5 kN/m^3) verwendet, von der 0,3 m^3/m^2 Wand benötigt werden. Die Kosten der Mischung liegen bei ca. 70 DM/m^3.

Bereits beim Absenken der Bohle wird die Suspension zugeführt, so daß auch Mischanlage und Injektionspumpe während des gesamten Herstellungsvorganges voll ausgelastet sind.

Die Gerätekosten/m^2 Schmalwand sind in Tafel 4.3 zusammengestellt, Tafel 4.4 zeigt die Einzelkosten der Teilleistungen.

Tafel 4.3   Ermittlung der Vorhalte- und Betriebskosten / m^2 Schmalwand

Bezeichnung	Neuwert DM	Abschreibung + Verzinsung je Monat %	Abschreibung + Verzinsung je Monat DM	Reparatur je Monat %	Reparatur je Monat DM	Reparatur je Monat einschl. Lohnfaktor DM
Seilbagger als Trägergerät (mit Zubehör) (150 kW)	950.000	2,8	26.600	1,1	10.450	15.748,15
Rüttelbär (300kW)	410.000	2,6	10.660	2,6	10.660	16.064,62
Hydraulik-Aggregat	250.000	2,6	6.500	1,4	3.500	5.274,50
Rüttelbohle	15.000	5,0	750	2,6	390	587,73
Schnellmischer (80 kw)	89.000	4,3	3.827	1,5	1.335	2.011,85
Injektionspumpe (15 kW)	18.000	4,0	720	2,0	360	542,52
Gerätevorhaltekosten / Monat			**49.057**			**40.229,37**

Gerätekosten/m² Schmalwand	Betriebsstoffe DM/m²	Vorhaltekosten DM/m²
$\dfrac{89.286,37 \text{ DM/Mon}}{175 \text{ h/Mon}} \times \dfrac{1h}{40m^2}$		12,76
Betriebsstoffe $(150+300+80+15)$ kW $\times \dfrac{1h}{40m^2} \times 0,2 \dfrac{1}{kWh} \times 1 \dfrac{DM}{1}$	2,73	
Schmierstoffe 0,2 x 2,73	0,55	
Summe **16,04 DM/m²**	**3,28**	**12,76**

Tafel 4.4   Ermittlung der Einzelkosten der Teilleistungen

Ermittlung der Einzelkosten der Teilleistungen / m² Schmalwand	Lohn-stunden h/m²	Lohn DM/m²	Sonstige Kosten DM/m²	Geräte DM/m²
1.Lohn 44,02 DM/h	0,1	4,40		
2.Material ·Bentonit-Zement-Steinmehl-Suspension $0,3 \ \frac{m^3}{m^2} \times 70 \ \frac{DM}{m^3}$			21,00	
3.Geräte				16,04
Summe 41,44 DM/m²	0,1	4,40	21,00	16,04

In diesen Kosten sind nicht enthalten:

- Herstellung eines Vorlaufgrabens
- Transport der Bohle zum Schweißplatz (Reparatur)
- Schweißplatzausrüstung und Auftragsmaterial
- Transport der Suspension vom Mischplatz zum Schmalwandgerät

4.4.3 Dichtwände

Die Leistung und die Kosten werden vom gewählten Verfahren
(Einphasenverfahren, Zweiphasenverfahren) und von der Zusammensetzung der eingebauten Dichtwandmasse wesentlich beeinflußt.

Als Beispiel wird eine 13 m tiefe, 60 cm dicke Dichtwand gewählt,
die im Einphasenverfahren (Bentonit-Zement-Suspension als Dichtwandmasse) hergestellt wird. Die Länge der einzelnen Lamellen ist
auf den Schlitzwangreifer abgestimmt und beträgt 2,80 m. Die Leit-
wandherstellung verläuft ähnlich wie bei der Schlitzwand. Da die
Anforderungen an die Genauigkeit jedoch geringer sind als bei einer Stahlbeton-Schlitzwand, genügen einfache Stahlkästen oder
Stahlbetonfertigteile. Die Kosten liegen hier bei ca. 2/3 der Kosten für Leitwände bei Stahlbeton-Schlitzwänden. Die Leitwand wird
daher nicht neu kalkuliert, sondern es wird auf das in [33, Seite
189] angegebene Beispiel zurückgegriffen. Dabei ist zu beachten,
daß die Werte dort pro Quadratmeter sichtbarer Verbau angegeben
sind. Bei Dichtwänden, die ja nicht "sichtbar" werden, ist die An-

gabe der Kosten pro Quadratmeter Wand üblich. Die Ergebnisse in
[33] sind daher mit dem Faktor

$$\frac{2{,}8 \text{ m} \times 10 \text{ m}}{2{,}8 \text{ m} \times 13 \text{ m}} = \frac{28 \text{ m}^2}{36{,}4 \text{ m}^2} = 0{,}77$$

zu multiplizieren.

Die Geräte sind die gleichen wie bei der Schlitzwandherstellung,
nur sind keine Abschalrohre und Ziehpressen erforderlich.

Für die Herstellung eines 13 m tiefen Schlitzes werden ca. 5 h
benötigt, wobei die Kolonne 4 Mann umfaßt.

$$\text{Aufwandswert für das Schlitzen :} \quad \frac{5 \text{ h} \times 4}{13 \text{ m} \times 2{,}8 \text{ m}} = 0{,}55 \text{ h/m}^2$$

Die verwendete Dichtwandmasse hat pro m^3 folgende Zusammensetzung:

  35 kg Natrium-Bentonit
150 kg Zement
940 kg Wasser

Die Gerätekosten/m^2 Dichtwand sind in Tafel 4.5 zusammengestellt,
Tafel 4.6 zeigt die Einzelkosten der Teilleistungen.

Tafel 4.5   Ermittlung der Vorhalte- und Betriebskosten / m^2 Dichtwand

Bezeichnung	Neuwert DM	Abschreibung + Verzinsung je Monat		Reparatur je Monat		Reparatur je Monat einschl. Lohnfaktor
		%	DM	%	DM	DM
Seilbagger mit Zubehör (149 kW)	641.000	1,8	11.538,00	1,1	7.051,00	10.625,86
Greifer d=60 cm 8 t	71.200	4,5	3.204,00	4,2	2.990,40	4.506,53
Meißel 4,5 t	16.200	4,5	729,00	4,2	680,40	1.025,36
Bentonitmisch- anlage (10 kW) mit Schnellkupp- lungsrohren und allen erforderl. Behältern	75.000	2,5	1.875,00	1,4	1.050,00	1.582,35
Gerätevorhaltekosten / Monat		17.346,00				17.740,10

Gerätekosten/m^2 Dichtwand	Betriebsstoffe DM/m²	Vorhaltekosten DM/m²
$\dfrac{35.086,10 \text{ DM/Mon}}{175 \text{ h/Mon}} \times \dfrac{5h}{36,4m^2}$		27,54
Betriebsstoffe Bagger 149 kW x 5h x 0,2 $\dfrac{1}{kWh}$ x 1 $\dfrac{DM}{1}$ x $\dfrac{1}{36,4m^2}$	4,09	
Mischanlage 10 kW x 5h x 0,35 $\dfrac{DM}{kWh}$ x $\dfrac{1}{36,4m^2}$	0,48	
Schmierstoffe 0,2 (4,09 + 0,48)	0,91	
Summe 33,02 DM/m^2	**5,48**	**27,54**

Tafel 4.6   Ermittlung der Einzelkosten der Teilleistungen

Ermittlung der Einzelkosten pro m² Dichtwand	Lohn-stunden h/m²	Lohn DM/m²	Sonstige Kosten DM/m²	Geräte DM/m²
1.Lohn 44,02 DM/h				
Herstellung Leitwand [33, S. 189] $\frac{2}{3}$ (0,54 + 0,04 + 0,11) x 0,77	0,35			
Herstellung Dichtwand	0,55			
2.Material Leitwand [33, S. 189] $\frac{2}{3}$ (5,36 + 3,22 + 9,10) x 0,77			9,07	
Abfuhr Aushub $21,8 \ m^3 \ x \ 25 \ \frac{DM}{m^3} \ x \ \frac{1}{36,4 m^2}$			14,97	
Kippgebühr $21,8 \ m^3 \ x \ 30 \ \frac{DM}{t} \ x \ 1,8 \ \frac{t}{m^3} \ x \ \frac{1}{36,4 m^2}$			32,34	
Dichtwandmasse (Verlust: 10%)				
Bentonit $0,035 \ \frac{t}{m^3} \ x \ 380 \ \frac{DM}{t} = 13,30 \ \frac{DM}{m^3}$				
Zement $0,15 \ \frac{t}{m^3} \ x \ 130 \ \frac{DM}{t} = 19,50 \ \frac{DM}{m^3}$				
Wasser $0,940 \ \frac{m^3}{m^3} \ x \ 2,50 \ \frac{DM}{m^3} = 2,35 \ \frac{DM}{m^3}$ $\overline{35,15 \ DM/m^3}$				
$35,15 \ \frac{DM}{m^3} \ x \ 1,10 \ x \ \frac{21,8 \ m^3}{36,4 \ m^2}$			23,16	
3.Geräte				33,02
Summe **152,18 DM/m²**	**0,90**	**39,62**	**79,54**	**33,02**

4.5 Sicherheitstechnik

Für die Verfahren zur Grundwasserabsperrung (z.B. Verdichtungswände, Schmalwände, Dichtwände) gelten die UVV "Bauarbeiten" [40]
und die UVV "Lärm" [43]. Beim Abteufen von Schmalwänden ist zusätzlich die UVV "Rammen" [46] zu beachten.

Dichtwände werden nach dem Schlitzwandprinzip hergestellt, die zugehörigen Sicherheitsregeln sind z.B.,in [33] beschrieben.

5 Sonderprobleme der Wasserhaltung

5.1 Grundwasserkommunikation

Tiefe, langgestreckte Bauwerke, wie z.B. U-Bahn-Tunnel oder Straßentunnel, bringen einen erheblichen Eingriff in den Grundwasserhaushalt mit sich. Zur Verhinderung von hydraulischen Grundbrüchen binden die Baugrubenwände (z.B. Schlitzwände, Bohrpfahlwände) sehr tief in den Baugrund ein und behindern die Grundwasserströmung beträchtlich. Binden Baugrubenwände oder Tunnelbauwerke gar in eine undurchlässige Bodenschicht ein, so wird der Grundwasserstrom völlig unterbunden (Bild 5.1).

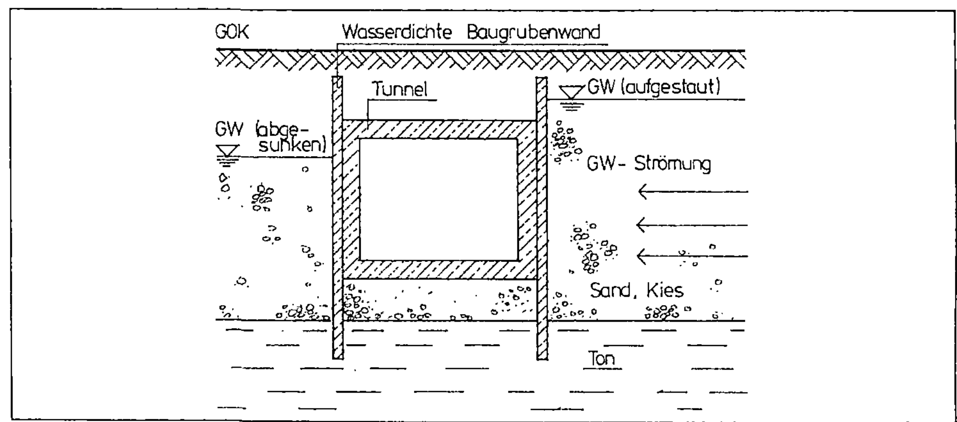

Bild 5.1   Verhinderung der GW-Strömung durch ein Tunnelbauwerk

Das führt zu einem Anstieg des GW-Spiegels auf der Anströmseite mit der Gefahr, daß z.B. tieferliegende Keller überflutet werden. Auf der Abstromseite sinkt der GW-Spiegel merklich ab, was gegebenenfalls zu Setzungen einer Nachbarbebauung und zu einer Beeinträchtigung der Wasserrechte von Anliegern führen kann.

Wenn gefordert wird, daß keine Strömungsbehinderung oder -verhinderung durch das Bauwerk auftreten darf, werden folgende Verfahren angewendet:

- vertikale Umströmungsbrunnen
- horizontale bzw. geneigte Brunnen
- Lückenvereisung
- mechanisch zerstörbare Dichtlamellen

a) Vertikale Umströmungsbrunnen

Das anströmende Grundwasser wird hierbei in vertikalen Brunnen, die außerhalb der Baugrubenumschließungswand stehen, gefaßt, durch Rohrleitungen unterhalb der Bauwerkssohle hindurchgeführt und auf der Abströmseite über ein Filterrohr wieder abgegeben.

b) Horizontale bzw. geneigte Brunnen (Bild 5.2).

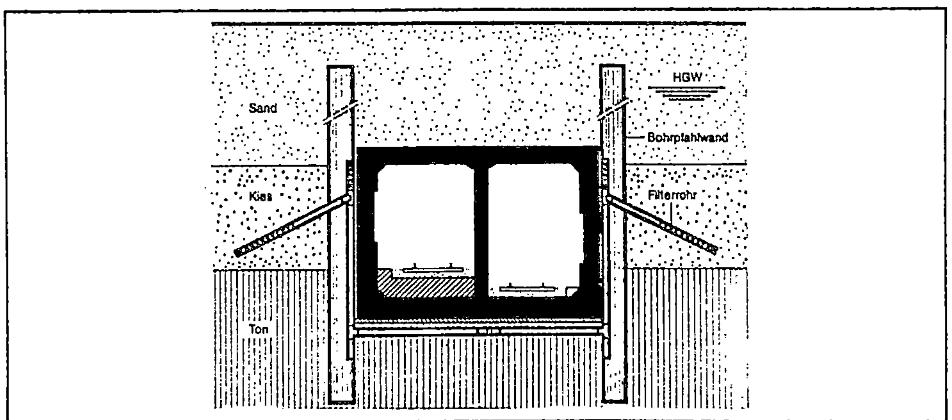

Bild 5.2   Grundwasserdükerung mit geneigten Brunnen (aus [17])

Statt der sehr aufwendigen und mitunter störenden Vertikalbrunnen können Filterbrunnen auch geneigt oder horizontal hergestellt werden. Bei Bohrpfahlwänden lassen sich die vertikalen Rohre des Dükers in den Zwickeln unterbringen, so daß dafür kein zusätzlicher Arbeitsraum vorhanden sein muß. Bei Schlitzwänden können die Rohre bereits im Bewehrungskorb verankert sein und beanspruchen damit ebenfalls keinen zusätzlichen Platz [30].

c) Lückenvereisung (Bild 5.3)

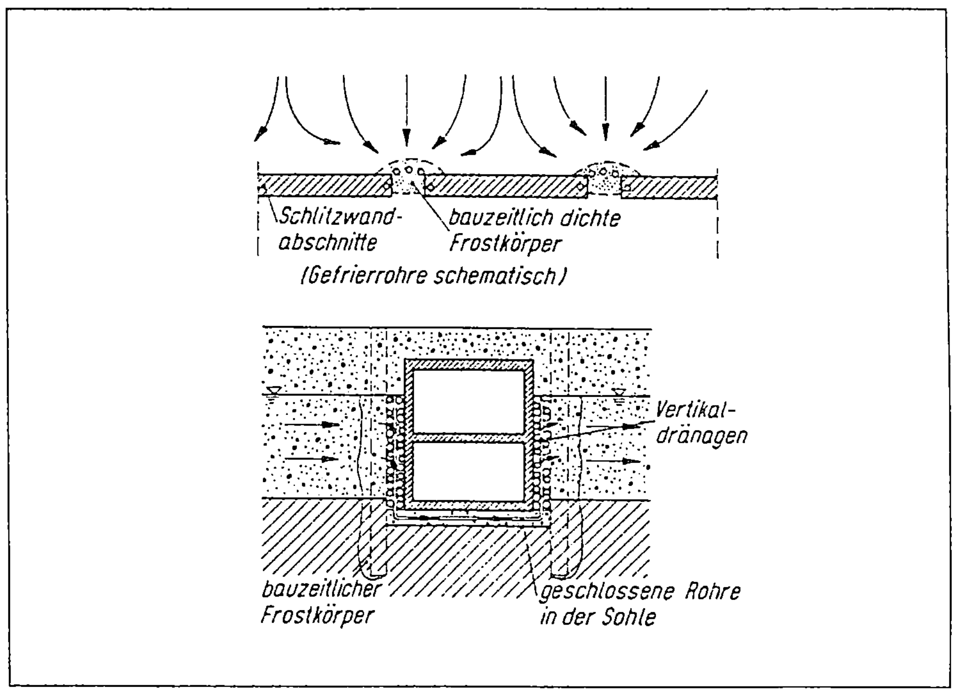

Bild 5.3   Lückenvereisung (aus [48])

Bei der Lückenvereisung besteht die Baugrubenwand aus ständig wasserdichten Bauteilen (Schlitzwandlamellen, überschnittenen Bohr-
pfählen) und "Gefrierfenstern", d.h. Lücken in der Baugrubenwand,
die während der Bauzeit durch Frostkörper geschlossen sind. Nach
Fertigstellung des Bauwerks taut der Frostkröper auf, und das
Grundwasser kann durch die entstehenden Lücken hindurchströmen.
Erfahrungen aus dem Dammbau haben gezeigt, daß sich die durchströ-
mende Menge des Grundwassers nur unwesentlich ändert, solange mindestens 20 % des ursprünglichen Durchflußquerschnittes erhalten
bleiben [48].

Die Frostkörper stützen sich während der Bauzeit auf die anschlie-
ßenden Verbauwände ab und übernehmen damit auch statische
Funktionen.

d) Mechanisch zerstörte Dichtwandlamellen (Essener Dichtlamelle (Bild 5.4)).

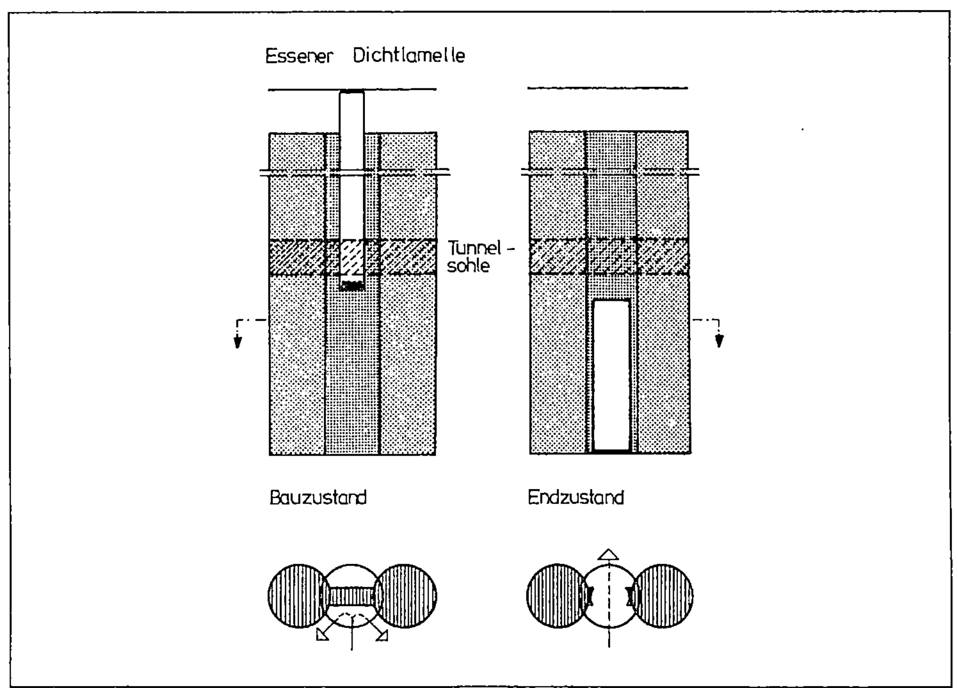

Bild 5.4   Essener Dichtlamelle (aus [32])

Die Essener Dichtlamelle besteht aus einer selbstaushärtenden Bentonit-Zementsuspension, die in einem besonders hergestellten Bohrpfahl unter der späteren Bauwerkssohle die Abdichtung während der Bauzeit garantiert. Nach Herstellung des Bauwerks wird sie aufgebohrt und der Raum mit Kies ausgefüllt, so daß eine Unterströmung des Bauwerks möglich ist. Die einzelnen Arbeitsschritte zum Herstellen und Zerstören der Lamelle sind in Bild 5.5 dargestellt.

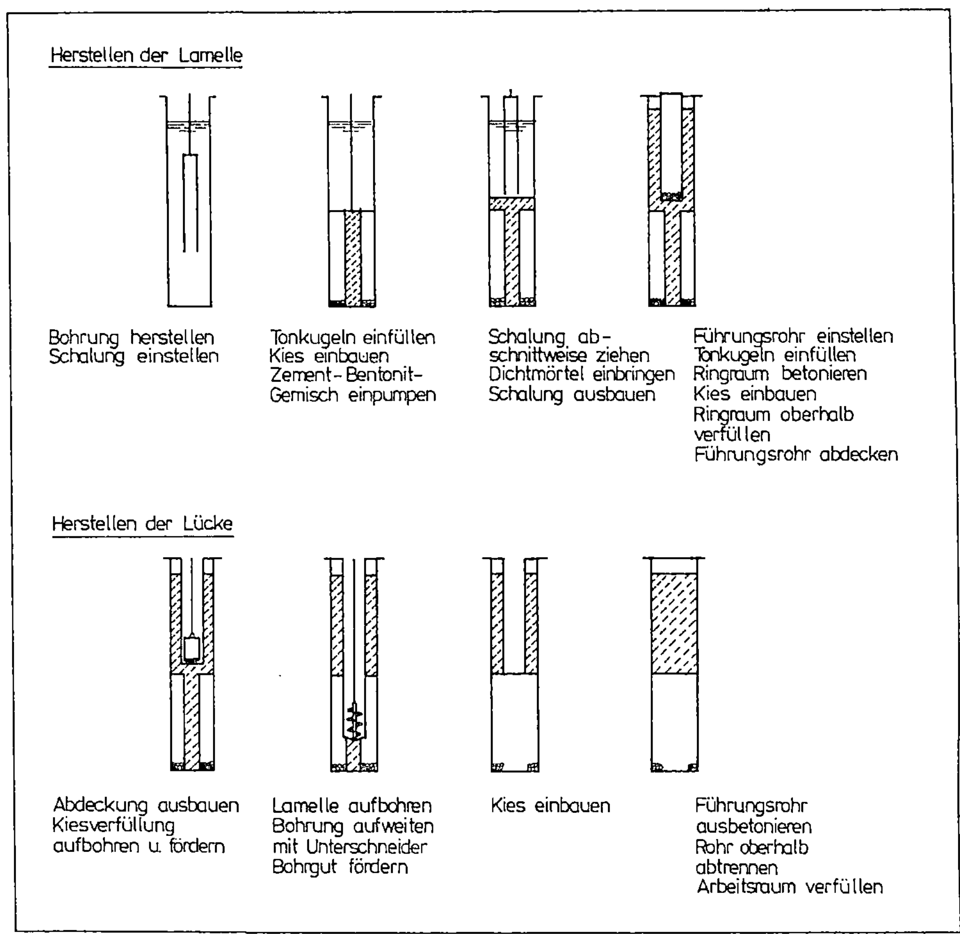

Bild 5.5   Herstellung der Essener Dichtlamelle (aus [32])
            Dieses Verfahren ist ein Patent der Firma
            Bilfinger + Berger.

5.2 Versickerung von Grundwasser

Die Entnahme von Grundwasser bei einer Absenkung mit Schwerkraft-
oder Vakuumentwässerung beeinflußt den Grundwasserhaushalt erheb-
lich. Wasserrechte werden beeinträchtigt, Setzungsschäden können
auftreten. Auch die Einleitung des geförderten Grundwassers in die
Kanalisation ist nicht unproblematisch. Bei starken Regenfällen
ist sehr rasch eine Überlastung des Abwassersystems zu befürchten.
Hinzu kommt, daß in vielen Städten eine hohe Einleitungsgebühr

entrichtet werden muß, die bei langandauernder Absenkung die
Betriebs- und Einrichtungskosten der Wasserhaltung wesentlich
überschreiten kann (Tafeln 2.5, 3.8, 3.12).

Das alles sind Gründe dafür, daß man mitunter das geförderte
Grundwasser teilweise oder ganz wieder versickern läßt. Im
allgemeinen sollte die Versickerungsfläche weit genug vom
Absenktrichter entfernt sein, damit es nicht zu einem
"hydraulischen Kurzschluß" kommt, bei dem ständig Wasser abgepumpt
und wieder versickert wird, ohne daß es zu einer nennenswerten
Absenkung kommt.

Sinnvoll ist die Wiederversickerung insbesondere bei Grundwasser-
absperrungen, bei denen das Wasser durch Brunnen innerhalb der
Baugrube abgesenkt wird. Je nach Durchlässigkeit der Sohle strömt
eine Restwassermenge in die Baugrube, die ständig abgepumpt werden
muß. Dieser Wasserentzug kann zu Setzungen der Nachbarbebauung
führen. Um dies zu verhindern, wird daß abgepumpte Wasser vor der
benachbarten Gebäudeflucht über Versickerungsbrunnen in den
Baugrund geleitet (Bild 5.6).

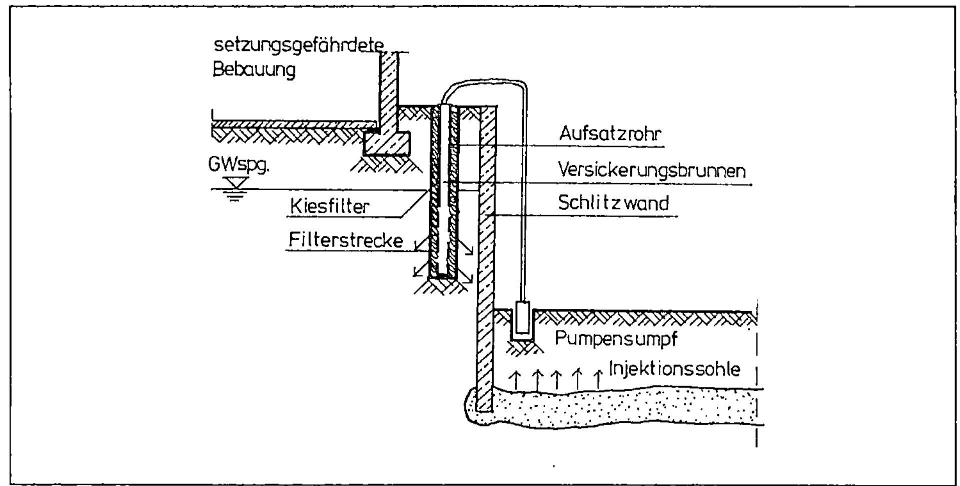

Bild 5.6   Grundwasserversickerung neben setzungsgefährdeter
             Bebauung

Um einer Verockerung der Filterstrecke vorzubeugen, sollte der
Auslauf des Wassers stets unter dem GW-Spiegel erfolgen. Ist keine
wasserdichte Baugrubenwand vorhanden, kann es erforderlich sein,
z.B. eine Spundwand anzuordnen, die den "hydraulischen Kurzschluß"
verhindert.

Die Versickerungsbrunnen sind grundsätzlich genauso aufgebaut wie
die Brunnen zur Entnahme von Grundwasser (s. Kap. 3.1.2).

Literatur

[1] Arz, P.   Erfahrungen mit der Herstellung von Schmalwänden
in : Dichtwände und Dichtsohlen
Mitteilung des Instituts für Grundbau und Bodenmechanik
TU Braunschweig
Heft 23, Braunschweig, 1987

[2] Fa. Bauer   Firmenprospekt "Wasserhaltung"

[3] Fa. Brückner   Firmenprospekt "Wasserhaltungen"

[4] Detering, W.   Grundwasserabsenkung beim Bau einer Parkpalette
Tiefbau- Berufsgenossenschaft (1979)
H. 4, S. 198-203

[5] Deutsche Gesellschaft für Erd- und Grundbau (Hg)   Empfehlungen des Arbeitskreises "Baugruben" der Deutschen Gesellschaft für Erd- und Grundbau e. V., 2. Aufl., Ernst & Sohn, Berlin, 1988

[6] Drees, G., Kurz, Th.   Aufwandstafeln von Lohn- und Gerätestunden im Ingenieurbau
Bauverlag, Wiesbaden, 1979

[7] Drees, G., Kurz, Th.   Ingenieurbauwerke - Leistungsmengen und Aufwandswerte ausgeführter Objekte
Bauverlag, Wiesbaden, 1982

[8] Drees, G., Bahner, A.   Kalkulation von Baupreisen,
2. Aufl., Bauverlag, Wiesbaden, 1987

[9] Fa. Dupont   Firmenprospekt "Geotextil Typar"

[10] Emig, K.-F., Arndt, A.   Abdichtung mit Bitumen
Arbit-Schriftenreihe "Bitumen"
Heft 49
Arbeitsgemeinschaft der Bitumenindustrie
Hamburg 1986

[11] Frank, A.   Ausführung von Dichtungsschlitz-
                                 wänden
                                 in: Dichtungswände und - sohlen
                                 Mitteilung des Lehrstuhls für
                                 Grundbau und Bodenmechanik
                                 TU Braunschweig; Heft 8,
                                 Eigenverlag, Braunschweig, 1982

[12] Gad, W.   Grundwasserabsenkung im Vakuum-
                                 verfahren mit Saugfiltern
                                 Tiefbau, Ingenieurbau, Straßenbau
                                 (1981)
                                 H. 12, S.866 - 868

[13] Hauptverband der   BGL - Baugeräteliste 1981
     Deutschen Bauin-   Technisch - wirtschaftliche
     dustrie e.V.   Baumaschinendaten
     (Hg.)   Bauverlag, Wiesbaden, 1981

[14] Hauptverband der   Tarifsammlung für die Bauwirt-
     Deutschen Bauin-   schaft 88/89
     dustrie e.V.   Elsner-Verlag, Darmstadt, 1988
     (Hg)

[15] Herth,W.   Theorie und Praxis der Grundwasser-
     Arndts, E.   absenkung
                                 2. Aufl., Ernst & Sohn, Berlin, 1985

[16] Fa.Hoesch   Spundwand-Handbuch Berechnung
                                 Hoesch AG, Dortmund, 1986

[17] Fa. Ph. Holzmann   Technischer Bericht
                                 Stadtbahn Hannover
                                 Baulose B23 - B25
                                 Hildesheimer Straße

[18] Fa. GKN Keller   Firmenprospekt "Rütteldruck-
                                 verdichtung"

[19] Kirsch, K.   Die Rüttelschmalwand - Ein Verfahren
     Rüger, M.   zur Untergrundabdichtung
                                 Vorträge der Deutschen Baugrund-
                                 tagung Nürnberg 1976
                                 Herausgegeben von der Deutschen
                                 Gesellschaft für Erd- und Grundbau,
                                 Essen, 1977

[20] Klöckner, W., Arz, P.,   Grundbau
     Schmidt, H.G., Ziese, H.   in: Betonkalender 1987 Teil 2
                                 Ernst & Sohn, Berlin, 1987

[21] Kotte, G.   Maschinensysteme für offene Wasser-
                                 haltungen Teil 1, Teil 2 und Teil 3
                                 Tiefbau, Ingenieurbau, Straßenbau
                                 (1985)
                                 H.2, S. 102-109; H.3, S. 131-138;
                                 H.4, S. 204-206

[22] Kramer, J.   Bemessung von Grundwasserabsenkungs-
                                 anlagen mit Vakuumtiefbrunnen
                                 Tiefbau, Ingenieurbau, Staßenbau 21
                                 (1979), H.1, S. 10 ff.

[23] Loers, G.   Neue Erkenntnisse bei der Herstel-
                                 lung und Ausbildung von Schlitz-
                                 wänden
                                 Tiefbau, Ingenieurbau, Staßenbau
                                 (1973) H. 5, S. 445 - 449

[24] Meseck, H.,   Abdichtungsverfahren
     Schnell, W.   Vortrag im Seminar
                                 "Abdichten gegen Sicker- und Grund-
                                 wasser"
                                 Technische Akademie Esslingen
                                 14./ 15.3.1983

[25] Meseck, H.   Dichtwände - Historischer Überblick
                                 und Stand der Technik
                                 in: Dichtwände und Dichtsohlen
                                 Mitteilung des Instituts für Grund-
                                 bau und Bodenmechanik der TU Braun-
                                 schweig Heft 23
                                 Eigenverlag, Braunschweig, 1987

[26] Meseck, H.   Mechanische Eigenschaften von mine-
                                 ralischen Dichtwandmassen
                                 Mitteilung des Instituts für Grund-
                                 bau und Bodenmechanik TU Braun-
                                 schweig
                                 Heft 25
                                 Eigenverlag, Braunschweig, 1987

[27] Mosch, K.   Grundwasser - Senkung, Wasserhaltung
                                 Tiefbau, Ingenieurbau, Staßen-
                                 bau (1981)
                                 H. 3, S. 151 - 153

[28] Pause, H.
     Hillesheim, F.- W.   Bau der Metro Amsterdam
                                 Unterirdische Strecke der Ostlinie
                                 Bauingenieur 50 (1975)
                                 H. 1, S. 4 - 18

[29] Plümecke, K.   Preisermittlung für Bauarbeiten
                                 22. Aufl., Verlagsgesell-
                                 schaft R. Müller
                                 Köln, 1989

[30] Poyda, F.   Neuzeitliche Konstruktionen bei
                                 Problemen mit Grundwasser
                                 Tiefbau, Ingenieurbau, Straßenbau
                                 (1978) H. 5, S. 361 - 366

[31] Rappert, C.   Grundwasserströmung - Grundwasser-
                                 haltung
                                 in: Grundbautaschenbuch Teil 1,
                                 3. Auflage, Ernst & Sohn, Berlin,
                                 1980

[32] Roth, B.,   Die "Essener Dichtlamelle", eine
     Mertens, W.   neue Technik für grundwasserscho-
                                 nende Bauweisen im U-Bahn-Bau
                                 Tiefbau- Berufsgenossenschaft (1986)
                                 H. 10, S. 634 - 644

[33] Schnell, W.   Verfahrenstechnik zur Sicherung von
                                 Baugruben
                                 Teubner- Verlag, Stuttgart, 1990

[34] Schroll, W.   Herstellung von Schmalwänden
                                 in: Dichtungswände und -sohlen
                                 Mitteilung des Instituts für
                                 Grundbau und Bodenmechanik
                                 TU Braunschweig, Heft 8
                                 Eigenverlag, Braunschweig, 1982

[35] Schultze, E.   Bodenuntersuchungen für Ingenieur-
     Muhs, H.   bauten
                                 Springer, Berlin, 1967

[36] Simons, K.   Verfahrenstechnik im Ortbetonbau
     Kolbe, P.   Teubner- Verlag, Stuttgart, 1987

[37] Straub, H.   Die Geschichte der Bauingenieurkunst
                                 3. Auflage
                                 Birkhäuser Verlag, Basel, 1975

[38] Theiner, J.   Pumpen und Grundwasserabsenkungs-
                                    anlagen (1)
                                    Tiefbau, Ingenieurbau, Straßen-
                                    bau (1976)
                                    H. 9, S. 592 - 599

[39] Tiefbau- Berufs-   Sicherheitsregeln für Arbeiten in
     genossenschaft   Bohrungen
     (Hg.)   Tiefbau- Berufsgenossenschaft (1986)
                                    H. 11, S. 757 - 760

[40] Tiefbau- Berufs-   Unfallverhütungsvorschrift "Bau-
     genossenschaft   arbeiten" (VBG 37), München, 1977
     (Hg.)

[41] Tiefbau- Berufs-   Unfallverhütungsvorschrift "Erdbau-
     genossenschaft   maschinen" (VBG 40), München, 1976
     (Hg.)

[42] Tiefbau- Berufs-   Unfallverhütungsvorschrift "Krane"
     genossenschaft   (VBG 9), München, 1983
     (Hg.)

[43] Tiefbau- Berufs-   Unfallverhütungsvorschrift "Lärm"
     genossenschaft   (VBG 121), München, 1985
     (Hg.)

[44] Tiefbau- Berufs-   Unfallverhütungsvorschrift "Last-
     genossenschaft   aufnahmeeinrichtungen im Hebezeug-
     (Hg.)   betrieb" (VBG 9a), München, 1979

[45] Tiefbau- Berufs-   Unfallverhütungsvorschrift "Leitern
     genossenschaft   und Tritte" (VBG 74), München, 1980
     (Hg.)

[46] Tiefbau- Berufs-   Unfallverhütungsvorschrift "Rammen"
     genossenschaft   (VBG 41), München, 1980
     (Hg.)

[47] Tiefbau- Berufs-   Unfallverhütungsvorschrift
     genossenschaft   "Schweißen, Schneiden und verwandte
     (Hg.)   Arbeitsverfahren (VBG 15), München,
                                    1978

[48] Weiler, A.

Erfahrungen mit der Baugrund-
vereisung am Beispiel der Duisburger
Bauweise
Die Bautechnik 56 (1979)
H. 6, S. 181 - 187

[49] Weißenbach, A.

Baugruben Teil 1
Konstruktion und Bauausführung
Ernst & Sohn, Berlin, 1975

Normenverzeichnis (Stand 1990)

DIN - Nr.	Ausgabe-datum	Titel
4093	9.87	Baugrund; Einpressen in den Untergrund; Planung, Ausführung, Prüfung
4095	12.73	Baugrund; Dränung des Untergrundes zum Schutz von baulichen Anlagen; Planung und Ausführung
E 4095	6.87	Baugrund; Dränung des Untergrundes zum Schutz von baulichen Anlagen; Planung und Ausführung
4124	8.81	Baugruben und Gräben; Böschungen, Arbeitsraumbreiten, Verbau
18130	11.89	Baugrund; Versuche und Versuchsgeräte; Bestimmung der Wasserdurchlässigkeitsbeiwerte, Laborversuch
18300	9.88	Erdarbeiten
18301	9.88	Bohrarbeiten
18302	9.88	Brunnenbauarbeiten
18303	9.88	Verbauarbeiten
18305	9.88	Wasserhaltungsarbeiten

Sachverzeichnis

Reihe *„Leitfaden der Bauwirtschaft und des Baubetriebs"*

W. Schnell

Verfahrenstechnik zur Sicherung von Baugruben

Von Prof. Dr.-Ing. Wolfgang Schnell, Fachhochschule Hildesheim/Holzminden
XII, 328 Seiten mit 168 Bildern und 60 Tafeln. 16,2 x 22,9 cm. Kart. DM 52,–

Aus dem Inhalt:
- Grundlagen der Planung und Herstellung von Baugruben
- Geböschte Baugruben
- Trägerbohlwände / Spundwände / Bohrpfahlwände / Schlitzwände
- Sonderverfahren-Abstützung von Baugrubenwänden
- Sohlabdichtungen

Die Sicherung von Baugruben ist in den vergangenen Jahren eine zunehmend komplexere und schwierigere Ingenieurbauaufgabe geworden, da Baugruben immer größer, tiefer und oft neben vorhandenen Bauwerken ausgeführt werden müssen. Bei Planung, Kalkulation und Erstellung von Baugruben sind nicht nur die technischen und wirtschaftlichen Gegebenheiten der Verfahren zu berücksichtigen, sondern ebenso die Belange der Arbeitssicherheit und des Umweltschutzes, um den für den Einzelfall bestmöglichen Lösungsvorschlag zu erarbeiten.

Im vorliegenden Buch werden die Eigenschaften der heute üblichen Bauverfahren zur Sicherung von Baugruben beschrieben. Um vergleichende Bewertungen möglichst einfach vornehmen zu können, werden die Verfahren entsprechend der folgenden Gliederung dargestellt:

Technische Grundlagen

Erforderliche Stoffe und Materialien

Geräte und Verfahren

Leistung und Kosten

Sicherheitstechnik.

Reihe *„Leitfaden der Bauwirtschaft und des Baubetriebs"*

Simons/Kolbe

Verfahrenstechnik im Ortbetonbau

Schalen – Bewehren – Betonieren

Von Prof. Dipl.-Ing. Klaus Simons, Technische Universität Braunschweig
und Dipl.-Ing. Peter Kolbe, Stuttgart
XII, 544 Seiten mit 316 Bildern und 320 Tafeln. 16,2 x 22,9 cm. Geb. DM 78,–

80% unserer Bauwerke verwenden Beton als tragende Konstruktion. Der Ortbetonbau hat dabei einen Anteil von über 70%.

Das Buch behandelt die zur Zeit angewendeten Bauverfahren unter Einschluß jüngster Entwicklungen und zeigt ihren zweckmäßigen Einsatz entsprechend den jeweils geltenden Einsatzbedingungen und den Forderungen einer wirtschaftlichen Durchführung der Bauaufgabe.

Erstmals werden in diesem Buch die Funktionsbereiche
– **Baustoffe** – die bestimmten Stoffgesetzen unterworfen sind –, und
– **Geräte** – die bestimmten Verfahren dienen –,
unter Berücksichtigung ihrer jeweiligen Einflußgrößen nach den Regeln der Verfahrenstechnik schlüssig miteinander verbunden.

Deshalb enthält dieses Buch als systemtechnische Darstellung eine einheitlich aufgebaute Verfahrenstechnik und damit eine auf die Erfordernisse der Praxis gerichtete **Bauprozeßlehre**, die auch die Wirtschaftlichkeitsanalyse der verfahrensabhängigen Leistungs- und Kostenverhältnisse einschließt.

Die für die Anwendung der Bauverfahren hilfreiche Systematik des Buches kommt besonders in einer methodisch ermittelten, für alle hier behandelten Verfahren gültigen Darstellungsmatrix zum Ausdruck, der fünf Kriterien zugrunde gelegt sind:

Technische Grundlagen
Erforderliche Stoffe und Materialien
Geräte und Verfahren
Leistung und Kosten
Sicherheitstechnik

Dieses Buch, das zugleich Lehrbuch und Nachschlagewerk ist, wird sowohl dem konstruierenden als auch dem für die Bauausführung verantwortlichen Ingenieur und ebenso dem Studenten des Bauingenieurwesens willkommene Orientierungshilfe und zuverlässiger Wegweiser sein.